高压电力电缆运行检修技术

国网江苏省电力有限公司苏州供电分公司 编

GAOYA DIANLI DIANLAN
YUNXING JIANXIU JISHU

内 容 提 要

本书从生产一线人员实际工作需要出发，介绍了电力电缆发展历史及其主要构成、电力电缆设计及验收、电力电缆与电缆通道运维管理及防外力破坏、电力电缆本体及附件运检、电力电缆智能运检技术应用五方面内容，重点是电缆管理、运维、检修方面的案例分析。

本书可供电缆运检专业从业人员使用。

图书在版编目（CIP）数据

高压电力电缆运行检修技术 / 国网江苏省电力有限公司苏州供电分公司编 .—北京：中国电力出版社，2022.4（2023.3 重印）

ISBN 978-7-5198-6553-5

Ⅰ. ①高… Ⅱ. ①国… Ⅲ. ①高压电缆 - 电力电缆 - 检修 Ⅳ. ① TM757

中国版本图书馆 CIP 数据核字（2022）第 035172 号

出版发行：中国电力出版社
地　　址：北京市东城区北京站西街 19 号（邮政编码 100005）
网　　址：http://www.cepp.sgcc.com.cn
责任编辑：吴　冰（010-63412356）
责任校对：黄　蓓　朱丽芳
装帧设计：郝晓燕
责任印制：石　雷

印　　刷：北京九天鸿程印刷有限责任公司
版　　次：2022 年 4 月第一版
印　　次：2023 年 3 月北京第二次印刷
开　　本：787 毫米 ×1092 毫米　16 开本
印　　张：8.25
字　　数：145 千字
印　　数：2001—2500 册
定　　价：50.00 元

本书编委会

主　　编　杨　波

副 主 编　黄国栋　徐　欣　陈　彦　王　一

参编人员　吴仁宜　杨　浩　吴菲菲　操卫康　苏梦婷　黄　兴
荆路友　李演达　李　沛　张　梁　张　俊　陈志勇
倪卫良　吴小良　王欢欢　孙武斌　姚雷明　郑　勇
诸葛烽　陆文斌　刘　洋　何光华　陶风波　许建刚
史如新　刘贞瑶　周志成　周　鹏　高　山　卞　超
黄晓军　宋晨杰　陆　融　李俊杰　周聪博

前　　言

架空线路和电力电缆是电能传输的双生子，而架空线路输电是各电压等级电力系统最常用的技术，尤其是在高电压等级下。然而，随着经济的快速发展，特别是在近几年中国经济转型、政府大力推行城市化的背景下，电力电缆以其节约输电通道等优势使用数量激增，但各种问题也纷纷暴露，电缆运维人员亟须总结分析问题原因，同时加强管理能力。

现有电力电缆相关书籍多侧重于电缆绝缘及电气性能、施工工艺或检测技术等，少有关于生产一线人员电缆管理、运维、检修方面的案例汇集，甚为可惜。本书编写单位管理高压输电电缆近三十年，累积了较多的生产管理经验及资料，特组织专家、骨干编写了《高压电力电缆运行检修技术》，一为避免宝贵的经验流失，二为系统化、精益化总结，提升管理能力。

本书由五章组成。第一章概述了电力电缆发展历史及其主要构成。第二章简述了电力电缆线路设计及验收要点。第三章分析总结了电力电缆通道巡视及防外破的主要内容，重点分析了电力电缆通道巡视、防外力破坏的相关内容及通道检修等技术经验。第四章主要介绍电力电缆本体及附件巡检，包括巡视、检测、缺陷处理、抢修等主要内容及其案例。第五章为电力电缆智能运检技术应用，包括精益化管理平台以及各种监测技术的应用。

由于我们经验不足，水平有限，同时在收集整理资料方面还有许多不足之处，疏漏之处恳请广大读者批评指正，以便我们提高。

编者

2021.12

目　　录

第一章
电力电缆简介

第一节　电力电缆发展简介

电力电缆是电力系统的重要组成部分，其功能是传输电能。区别于架空线路，电力电缆主要应用于变电站、城区等电力通道资源紧张而必须采用地下输电的区域。我国高压及超高压电力电缆涵盖 66、110、220、330、500kV 等电压等级。

电缆工程技术上是非常复杂和精巧的，与电气、机械、土木工程等专业都紧密相关，还与物理、有机化学（高分子聚合物）、无机化学、物理化学、冶金等学科息息相关，相关标准和试验都会涉及这些学科。

电缆最早应用于电报系统，随着 1879 年白炽灯的发明，爱迪生研制了完整的照明系统，他设计了一种刚性直埋系统，将两根或三根绝缘铜杆拉入铁管中，将沥青混合物挤入管道，填充在线芯周围，这便是电力电缆的雏形之一。第一条纸绝缘电缆敷设于泰晤士河南岸和伦敦之间，单相运行 50 多年后，部分线路仍在运行。第二次世界大战期间及后期，天然及合成聚合物技术逐渐应用于电缆绝缘，20 世纪 70 年代中期聚乙烯大规模应用于电缆，1982 年抗水树交联聚乙烯电缆开始应用。现在大规模使用的高压电力电缆要求采用超净可交联聚乙烯料生产。

第二节　电力电缆基本结构

一、电力电缆线路基本组成

电力电缆线路包括电缆本体、附件、附属设备、附属设施及电缆通道[1]。电缆本体是指除去电缆接头和终端等附件以外的电缆线段部分。电缆附件是指电缆终端、电缆接头等电缆线路组成部件的统称。附属设备是指避雷器、接地装置、供油装置、在线监测装置等电缆线路附属装置的统称。附属设施是指电缆支架、标识标牌、防火设施、防水设施、电缆终端站等电缆线路附属部件的统称。电缆通道是指电缆隧道（综合管廊电力舱）、电缆沟、排管、直埋、电缆桥、电缆竖井等电缆线路的土建设施。

二、高压电缆本体基本结构

目前国内外使用的高压电缆绝大部分为交联聚乙烯绝缘电缆，高压电缆除了少部分跨湖、跨海工程使用了三芯的结构形式，绝大多数使用的是单芯结构，主要有以下几点原因：①高压电缆要求电气安全距离较大，单芯结构有优势；②单芯载流量较高，约增大10%左右；③一旦发生接地，不易发展为相间短路；④允许弯曲半径较小，利于大截面电缆的敷设。高压电缆单芯结构主要由导体、导体屏蔽、绝缘、绝缘屏蔽、缓冲层、纵向阻水结构和径向不透水阻隔层等组成。

（一）导体

电力电缆的首要要求是高效、经济地传输电能，而导体正是传导电流、传输电能的载体。导体选材和设计主要考虑的因素为载流量、导体表面的电场强度、电压变化率、导体损耗、弯曲半径和柔韧性、整体经济性能、机械性能以及材料考量等。

综合以上因素，铜和铝成为较为合理的选择，是电力电缆行业使用的主要金属材料。

铜导体的优点有：①电导率高，铝的电导率是铜电导率的61.2%～62%，想要获得与铜导体相等的直流电阻，铝导体的截面积应为铜导体的1.6倍，对于具有相同设计载流能力的电力电缆，铜导体电缆的等效外径比铝导体电缆更小，需要的绝缘材料用量也更少，在相同电压降要求下，铝导体截面积大约是铜导体截面积的1.6倍；②短路情况下铜导体有更高的承受短路电流的能力；③铜导体电缆比铝导体电缆的连接可靠性和安全性更高，根据美国消费品安全委员会（CPCS）统计的电缆火灾事故率，铜导体电缆导致的事故数量只占铝导体电缆的1/55，我国工程实践也在一定程度上反映铜导体电缆比铝导体电缆事故率低。

铝较铜最为显著的优点为：①价格便宜，目前价格不到铜的1/3；②密度较小，在长度相等、直流电阻相等的前提下，铝线质量为铜线的48%。

综合以上各方面因素，我国高压电力电缆绝大多数采用铜导体电缆。

导体有以下技术要求：

（1）导体用铜单线应采用 GB/T 3953—2009《电工圆铜线》中规定的 TR 型圆铜线。

（2）导体截面积由供货方根据采购方提供的使用条件和敷设条件计算确定，并提交详细的载流量计算报告，或由采购方自行确定导体截面积。

（3）35kV 及以下电缆宜采用紧压绞合圆形导体。66kV 及以上的电缆，导体截面积小于 800mm² 时应采用紧压绞合圆形导体；截面积为 800mm² 时可任选紧压导体或分割导体结构；1000mm² 及以上截面积时应采用分割导体结构。

（4）绞合导体不允许整芯或整股焊接。绞合导体中允许单线焊接，但在同一导体单线层内，相邻两个焊点之间的距离应不小于 300mm。

（5）导体表面应光洁，无油污，无损伤屏蔽及绝缘的毛刺、锐边及凸起和断裂的单线。

（6）导体结构和直流电阻要求如表 1-1 所示。

表 1-1　　导体的结构和直流电阻要求

导体标称截面积（mm²）	导体中单线最少根数		20℃时导体直流电阻最大值（Ω/km）		导体标称截面积（mm²）	导体中单线最少根数		20℃时导体直流电阻最大值（Ω/km）	
	铝	铜	铝	铜		铝	铜	铝	铜
25	6	6	1.20	0.727	500	53	53	0.0605	0.0366
35	6	6	0.868	0.524	630	53	53	0.0469	0.0283
50	6	6	0.641	0.387	800	53	53	0.0367	0.0221
70	12	12	0.443	0.268	1000	170	170	0.0291	0.0176
95	15	15	0.320	0.193	1200	170	170	0.0247	0.0151
120	15	18	0.253	0.153	1400	170	170	0.0212	0.0129
150	15	18	0.206	0.124	1600	170	170	0.0186	0.0113
185	30	30	0.164	0.0991	1800	265	265	0.0165	0.0101
240	30	34	0.125	0.0754	2000	265	265	0.0149	0.0090
300	30	34	0.100	0.0601	2200	265	265	0.0135	0.0083
400	53	53	0.0778	0.0470	2500	265	265	0.0127	0.0073

（二）导体屏蔽

导体屏蔽技术要求：35kV 及以下电缆标称截面积为 500mm² 以下时应采用挤包半导电层导体屏蔽，标称截面积为 500mm² 及以上时应采用绕包半导电带加挤包半导电层复合导体屏蔽。66kV 及以上电缆应采用绕包半导电带加挤包半导电层复合导体屏蔽，且应采用超光滑可交联半导电料。

挤包半导电层应均匀地包覆在导体或半导电包带外，并牢固地粘附在绝缘层上。与绝缘层的交界面上应光滑，无明显绞线凸纹、尖角、颗粒、烧焦或擦伤痕迹。

（三）绝缘

绝缘材料技术要求：

（1）35kV 及以下电缆应采用可交联聚乙烯料，66kV 及以上的电缆应采用超净可交联聚乙烯料。

（2）绝缘层的标称厚度应符合表 1-2 的规定。

表 1-2　　绝缘层的标称厚度

<table>
<tr><th rowspan="2">导体标称截面积（mm^2）</th><th colspan="9">额定电压 U_0/U（U_m）下的绝缘标称厚度（mm）</th></tr>
<tr><th>6kV</th><th>10kV</th><th>20kV</th><th>35kV</th><th>66kV</th><th>110kV</th><th>220kV</th><th>330kV</th><th>500kV</th></tr>
<tr><td>25～185</td><td rowspan="9">3.4</td><td rowspan="9">4.5</td><td rowspan="9">5.5</td><td rowspan="9">10.5</td><td>—</td><td>—</td><td rowspan="3">—</td><td rowspan="6">—</td><td rowspan="6">—</td></tr>
<tr><td>240</td><td rowspan="8">14.0</td><td>19.0</td></tr>
<tr><td>300</td><td>18.5</td></tr>
<tr><td>400</td><td>17.5</td><td rowspan="2">27</td></tr>
<tr><td>500</td><td>17.0</td></tr>
<tr><td>630</td><td>16.5</td><td>26</td></tr>
<tr><td>800</td><td rowspan="3">16.0</td><td>25</td><td>30</td><td>34</td></tr>
<tr><td>1000　1200</td><td rowspan="3">24</td><td>29</td><td>33</td></tr>
<tr><td>1400　1600</td><td rowspan="2">28</td><td>32</td></tr>
<tr><td>1800　2000
2200　2500</td><td>—</td><td>—</td><td>—</td><td>—</td><td>—</td><td>—</td><td>31</td></tr>
</table>

注：1. 系统电压对应的 U_0/U（U_m）见表 1 的规定。

2. 35kV 及以下的电缆，导体截面积大于 1000mm^2 时，可增加绝缘厚度以避免安装和运行时的机械伤害。

3. 330kV 和 500kV 电缆，若采购国外产品，可与制造商协商确定绝缘厚度。

（3）绝缘厚度的平均值、任一处的最小厚度和偏心度应符合表 1-3 的规定。

表 1-3　　绝缘厚度的要求

电压等级（kV）	6～35	66～220	330～500
平均厚度	$\geqslant t_n$	$\geqslant t_n$	$\geqslant t_n$
任一处的最小厚度	$\geqslant 0.90t_n$	$\geqslant 0.95t_n$	$\geqslant 0.95t_n$
偏心度	≤10%	≤6%	≤5%

注：t_n 为规定的绝缘标称厚度。偏心度为在同一断面上测得的最大厚度和最小厚度的差值与最大厚度比值的百分数。

（4）66kV 及以上电缆应进行绝缘层杂质、微孔和半导电屏蔽层与绝缘层界面微孔、突起的检查，结果应符合表 1-4 的规定。

（5）绝缘热延伸试验应按有关标准规定进行。应根据电缆绝缘所采用的交联工艺，在认为交联度最低的部分制取试片。66kV 及以上电缆应在绝缘的内、中、外层分别取样。绝缘热延伸负载下最大伸长率应小于 125%，冷却后最大永久伸长率应小于 10%。

表 1-4　电缆绝缘层杂质、微孔和半导电屏蔽层与绝缘层界面微孔、突起试验要求

电压(kV)	检查项目		要求
66、110	绝缘	大于 0.05mm 的微孔	0
		大于 0.025mm，不大于 0.05mm 的微孔	≤18 个/10cm³
		大于 0.125mm 的不透明杂质	0
		大于 0.05mm，不大于 0.125mm 的不透明杂质	≤6 个/10cm³
		大于 0.25mm 的半透明深棕色杂质	0
	半导电屏蔽层与绝缘层界面	大于 0.05mm 的微孔	0
	导体半导电屏蔽层与绝缘层界面	大于 0.125mm 进入绝缘层和半导电屏蔽层的突起	0
	绝缘半导电屏蔽层与绝缘层界面	大于 0.125mm 进入绝缘层和半导电屏蔽层的突起	0
220	绝缘	大于 0.05mm 的微孔	0
		大于 0.025mm，不大于 0.05mm 的微孔	≤18 个/10cm³
		大于 0.125mm 的不透明杂质	0
		大于 0.05mm，不大于 0.125mm 的不透明杂质	≤6 个/10cm³
		大于 0.16mm 的半透明深棕色杂质	0
	半导电屏蔽层与绝缘层界面	大于 0.05mm 的微孔	0
	导体半导电屏蔽层与绝缘层界面	大于 0.08mm 进入绝缘层和半导电屏蔽层的突起	0
	绝缘半导电屏蔽层与绝缘层界面	大于 0.08mm 进入绝缘层和半导电屏蔽层的突起	0
330、500	绝缘	大于 0.02mm 的微孔	0
		大于 0.075mm 的不透明杂质	0
	半导电屏蔽层与绝缘层界面	大于 0.02mm 的微孔	0
	导体半导电屏蔽层与绝缘层界面	大于 0.05mm 进入绝缘层和半导电屏蔽层的突起	0
	绝缘半导电屏蔽层与绝缘层界面	大于 0.05mm 进入绝缘层和半导电屏蔽层的突起	0

（四）绝缘屏蔽

绝缘屏蔽应为挤包半导电层，并与绝缘紧密结合。绝缘屏蔽表面以及与绝缘层的交界面应均匀、光滑，无明显绞线凸纹、尖角、颗粒、烧焦或擦伤痕迹。

电缆的导体屏蔽、绝缘和绝缘屏蔽应采用三层共挤工艺制造，220kV 及以上电缆绝缘线芯宜采用立塔生产线制造。

（五）66kV 及以上电缆的缓冲层、纵向阻水结构和径向不透水阻隔层

1. 缓冲层

绝缘屏蔽层外应设计有缓冲层，采用导电性能与绝缘屏蔽相同的半导电弹性材料或半导电阻水膨胀带绕包。绕包应平整、紧实，无皱褶。电缆设计有金属套间隙纵向阻水功能时，可采用半导电阻水膨胀带绕包或具有纵向阻水功能的金属丝屏蔽布绕包结构。电缆设计有导体纵向阻水功能时，导体绞合时应绞入阻水绳等材料。应确保金属丝屏蔽布中的金属丝与半导电带和金属套良好接触。

2. 径向不透水阻隔层

应采用铅套或皱纹铝套、平铝套等金属套作为径向不透水阻隔层。铅套应采用符合 JB 5268—2011《电缆金属套》规定的铅合金，皱纹铝套用铝的纯度应不低于 99.6%。

金属套的标称厚度应符合表 1-5 的规定。不能满足用户对短路容量的要求时，可采取增加金属套厚度、在金属套内侧或外侧增加疏绕铜丝等措施。

表 1-5　　金属套的标称厚度（mm）

<table>
<tr><th rowspan="2">导体截面积（mm²）</th><th colspan="2">66kV</th><th colspan="2">110kV</th><th colspan="2">220kV</th><th colspan="2">330kV</th><th colspan="2">500kV</th></tr>
<tr><th>铅套厚度</th><th>皱纹铝套厚度</th><th>铅套厚度</th><th>皱纹铝套厚度</th><th>铅套厚度</th><th>皱纹铝套厚度</th><th>铅套厚度</th><th>皱纹铝套厚度</th><th>铅套厚度</th><th>皱纹铝套厚度</th></tr>
<tr><td>240</td><td rowspan="2">2.5</td><td rowspan="6">2.0</td><td rowspan="2">2.6</td><td rowspan="6">2.0</td><td rowspan="2">—</td><td rowspan="2">—</td><td rowspan="5">—</td><td rowspan="5">—</td><td rowspan="5">—</td><td rowspan="5">—</td></tr>
<tr><td>300</td></tr>
<tr><td>400</td><td rowspan="2">2.6</td><td rowspan="2">2.7</td><td rowspan="2">2.7</td><td rowspan="4">2.4</td></tr>
<tr><td>500</td></tr>
<tr><td>630</td><td>2.7</td><td>2.8</td><td rowspan="2">2.8</td></tr>
<tr><td>800</td><td>2.8</td><td>2.9</td><td>3.3</td><td>2.9</td><td>3.3</td><td>2.9</td></tr>
<tr><td>1000</td><td>2.9</td><td rowspan="4">2.3</td><td>3.0</td><td rowspan="4">2.3</td><td></td><td rowspan="4">2.6</td><td></td><td></td><td>3.4</td><td rowspan="3">3.0</td></tr>
<tr><td>1200</td><td>3.0</td><td>3.1</td><td>2.9</td><td rowspan="2">3.4</td><td rowspan="2">3.0</td><td rowspan="2">3.5</td></tr>
<tr><td>1400</td><td>3.1</td><td>3.2</td><td>3.0</td></tr>
<tr><td>1600</td><td>3.2</td><td>3.3</td><td rowspan="2">3.1</td><td rowspan="2">3.5</td><td rowspan="2">3.1</td><td rowspan="2">3.6</td><td>3.1</td></tr>
<tr><td>1800</td><td rowspan="4">—</td><td rowspan="4">—</td><td rowspan="4">—</td><td rowspan="4">—</td><td rowspan="4">2.8</td><td rowspan="3">3.2</td></tr>
<tr><td>2000</td><td>3.2</td><td rowspan="2">3.6</td><td rowspan="2">3.2</td><td rowspan="2">3.7</td></tr>
<tr><td>2200</td><td>3.3</td></tr>
<tr><td>2500</td><td>3.4</td><td>3.7</td><td>3.3</td><td>3.8</td><td>3.3</td></tr>
</table>

注：平铝套的厚度参照皱纹铝套厚度或与制造商协商确定。

铅套厚度的平均值不得小于标称值，任一处的最小厚度不得小于标称值的 95%。皱纹铝套厚度的平均值不得小于标称值，任一处的最小厚度不得小于标称值的 90%。

3. 金属塑料复合护层

具有金属塑料复合护层的交联聚乙烯绝缘电力电缆，其技术要求参考 GB/T 11017.2—2002《额定电压 110kV 交联聚乙烯绝缘电力电缆及其附件 第 2 部分：额定电压 110kV 交联聚乙烯绝缘电力电缆》附录 D。

外护套应采用绝缘型聚氯乙烯或聚乙烯材料，其标称厚度应符合表 1-6 规定。

表 1-6　　外护套的标称厚度及最小厚度（mm）

电压等级（kV）	66	110	220	330	500
标称厚度	4.0	4.5	5.0	5.5	6.0
最小厚度	3.4	3.8	4.3	4.7	5.1

第二章 电力电缆设计及验收

第一节 电 缆 路 径

电缆线路路径应与城市总体规划相结合，应与各种管线和其他市政设施统一安排，且应征得城市规划部门同意。在工程验收时，应按照 GB 50168—2018《电气装置安装工程电缆线路施工及验收规范》要求，提交“电缆线路路径的协议文件”。某电缆工程路径规划证如图 2-1 所示。

图 2-1 某电缆工程路径规划证

供敷设电缆用的构筑物宜按电网远景规划一次建成。供敷设电缆用的保护管、电缆沟或直埋敷设的电缆不应平行敷设于其他管线的正上方或正下方。电缆与电缆、管道、道路、建（构）筑物等之间的最小距离，应符合 GB 50217—2018《电力工程电缆设计标准》的相关规定要求。电缆跨越河流宜利用城市交通桥梁、交通隧道等公共设施敷设，并应征得相关管理部门同意。

第二节 电缆敷设方式

一、一般规定

任何方式敷设的电缆的弯曲半径不宜小于 DL/T 5221—2016《城市电力电缆线路设计技术规定》规定的弯曲半径要求。在工程土建验收时，应注意构筑物转角在电缆敷设时能否满足弯曲半径的要求。

电缆应敷设在电缆支架上，电缆支架的层间垂直距离应满足电缆方便地敷设和固定，当多根电缆在同层支架敷设时，应综合考虑远期规划及检修需要，能满足更换或增设电缆的需求，电缆支架之间最小净距不宜小于 DL/T 5221—2016《城市电力电缆线路设计技术规定》的相关规定。

在电缆沟、隧道或电缆夹层内安装的电缆支架离底板和顶板的净距不宜小于 DL/T 5221《城市电力电缆线路设计技术规定》的相关规定。电缆沟、隧道或工井内通道净宽不宜小于 DL/T 5221—2016《城市电力电缆线路设计技术规定》的相关规定。工程验收时应注意通道净宽需满足要求。

在隧道、电缆沟、工井、夹层等封闭式电缆通道中，不得布置热力管道，严禁有易燃气体或易燃液体的管道穿越。

二、敷设方式选择

电缆敷设方式的选择应视工程条件、环境特点和电缆类型、数量等因素，以及满足运行可靠、便于维护和技术经济合理的要求选择[2]。不同敷设方式的电缆根数宜按 DL/T 5221—2016《城市电力电缆线路设计技术规定》表 4.2.2 选择。

地下管网较多的地段，可能有熔化金属、高温液体溢出的地段，待开发、有较频繁开挖的地段，不宜采用直埋敷设。有化学腐蚀或杂散电流腐蚀的土壤范围内，不得采用直埋敷设。在有化学腐蚀液体或高温熔化金属溢流的地段，不得采用电缆沟敷设。

220kV 及以上电缆原则上采用隧道型式，不得采用非开挖定向钻拉管或直埋敷设。确因条件限制不能采用隧道的地段，应对不同建设方式进行运行环境、输送容量、设备抢修、检测等方面的综合比较。

电缆构筑物上方每隔 30～50m 处、电缆接头处、转弯等处，应在构筑物两侧设置明显的标桩，工程验收时需注意是否在构筑物两侧设置标桩。构筑物两侧设置标桩示例如图 2-2 所示。

（一）直埋敷设技术要求

电缆表面距地面不应小于 0.7m，当电缆位于行车道或耕地下时，应适当加深，且不宜小于 1.0m。工程验收时应注意埋设深度。

图 2-2 构筑物两侧设置标桩

直埋电缆不得采用无防护措施的直埋方式，工程验收时应注意需在电缆上覆盖宽度超过电缆两侧各 50mm 的保护板。直埋电缆在直线段每隔 30～50m 处、电缆接头处、转弯处、进入建筑物等处，应设置明显的路径标志或标识桩，可视现场具体情况增加路径标志或标识桩设置密度。

目前由于我国经济发展迅速、城市建设日新月异，直埋电缆防外破能力较低，一般不采用直埋方式敷设电缆。

（二）排管敷设技术要求

排管所需孔数除满足电网远景规划外，还需适当留有备用孔。用于敷设单芯电缆的管材应选用非铁磁性材料[3]。工程验收时需注意敷设单芯电缆的管材不得使用镀锌钢管。排管的内径不宜小于电缆外径或多根电缆包络外径的 1.5 倍，一般不宜小于 150mm。

排管在选择路径时应尽可能取直线，在转弯和折角处应增设工作井。直线部分两工作井之间的距离不宜大于 150m，排管连接处应设立管枕；35～220kV 排管应采取（钢筋）混凝土全包封防护。

（三）工井技术要求

工作井应无倾斜、变形及塌陷现象。井壁立面应平整光滑，无突出铁钉、蜂窝等现象。工作井井底平整干净，无杂物。

图 2-3 管孔封堵

工作井尺寸应考虑电缆弯曲半径和满足接头安装的需要，工作井高度应满足工作人员站立操作需要，工作井底应有集水坑，向集水坑泄水坡度不应小于 0.5%。工作井顶盖板处应设置 2 个安全孔。位于公共区域的工作井，安全孔井盖的设置宜使非专业人员难以开启，人孔内径应不小于 800mm。工作井应设独立的接地装置，接地电阻不应大于 10Ω。工井两端的管孔应进行封堵，如图 2-3 所示。

（四）电缆沟技术要求

电缆沟应无倾斜、变形及塌陷现象。井壁立面应平整光滑，无突出铁钉、蜂窝等现象，井底平整干净，无杂物。电缆沟应有不小于 0.5%的纵向排水坡度，并沿排水方向适当距离设置集水井。电缆沟应合理设置接地装置，接地电阻应小于 5Ω。

电缆沟盖板为钢筋混凝土预制件，其尺寸应严格配合电缆沟尺寸。盖板表面应平整，四周应设置预埋件的护口件，有电力警示标识。盖板的上表面应设置一定数量的供搬运、安装用的拉环。

（五）非开挖拖拉管技术

非开挖拖拉管是目前电缆穿越河流、公路、铁路常用的敷设型式，其优点是施工便捷、避免开挖，缺点是其他地下管线穿越施工时容易遭到损坏。

220kV 及以上电压等级不应采用非开挖定向钻进拖拉管。非开挖定向钻拖拉管出入口角度不应大于 15°。非开挖定向钻拖拉管长度不应超过 150m，应预留不少于 1 个抢修备用孔。非开挖定向钻拖拉管两侧工作井内管口应与井壁齐平。

非开挖定向钻拖拉管两侧工作井内管口应预留牵引绳，并进行对应编号挂牌。对非开挖定向钻拖拉管两相邻井进行抽查，要求管孔无杂物，疏通检查无明显拖拉障碍。非开挖定向钻拖拉管出入口 2m 范围，应有配筋混凝土包封措施。非开挖定向钻拖拉管两侧工作井处应设置安装标志标识。

（六）电缆隧道敷设技术要求

隧道应按照重要电力设施标准建设，应采用钢筋混凝土结构，主体结构设计使用年限不应低于 100 年，防水等级不应低于二级。

电缆隧道与相邻建（构）筑物及管线最小间距应符合国家现行有关规范，且不宜小于 DL/T 5221—2016《城市电力电缆线路设计技术规定》中表 4.5.1 的规定。电力隧道内最小允许通行宽度：单侧支架不应小于 0.9m，双侧支架不应小于 1m。支架应与预埋件相连，强度和宽度应满足电缆及附件荷重和安装维护的受力要求。隧道工作井上方人孔内径不应小于 800mm，在电力隧道交叉处设置的人孔不应垂直设在交叉处的正上方，应错开布置。

电力隧道工作井井室高度不宜超过 5.0m，超过时应设置多层工作井或过渡平台，并设置盖板，多层工作井每层设固定式或移动式爬梯。隧道工井井盖应采用双层结构，材质应满足荷载及环境要求，以及防水、防盗、防滑、防位移、防坠落等要求。

电力隧道内应建设低压电源系统，并具备漏电保护功能，电源线应采用阻燃电缆，并敷设于防火槽盒内，防火槽（管）应固定在电缆隧道顶板上。隧道内电缆应按电压等级的高低从下向上分层排列，重要变电站和重要用户的双路电源电缆不应布置在相邻位置，通信光缆应布置在最上层且置于防火槽盒内。隧道内应安装照明系统，根据防火区段设置双向开关，并设置明显的提示性、警示性标识。照明灯具应选用防潮、防爆型节能灯。

隧道内应采取可靠的阻火分隔措施，对隧道内各种孔洞进行有效的防火封堵，并配置必要的消防器材，防火分区间隔不得大于 200m。隧道内应对各种孔洞进行有效防水封堵并配置排水系统。排水系统应满足隧道最高扬程要求，上端应设逆止阀以防止回水，积水应排入市政排水系统。排水泵按照“一主一备”原则配置。

隧道通风应采取机械排风的方式，通风口间距、风机数量等配置应满足隧道通风量及电缆运行环境温度的要求。风机在隧道内发生火警时应自动关闭，通风口应有防止小动物进入隧道的金属网格及防水、防火、防盗等措施。

隧道内应合理设置应急通信系统。隧道内应同步建设综合监控系统，必须包含视频监控、有毒气体监测、温湿度监测、水位监测、风机联动、水泵联动、门禁系统、隧道沉降监控、火灾报警及消防联动装置等。

电力隧道内接地系统应形成环形接地网，接地装置的接地电阻应小于 5Ω，综合接地电阻应小于 1Ω，并宜采用耐腐蚀长效接地材料。

（七）综合管廊敷设技术要求

电缆舱应按公司的电缆通道型式选择及建设原则，满足国家及行业标准中电力电缆与其他管线的间距要求，综合考虑各电压等级电缆敷设、运行、检修的技术条件进行建设。

电缆舱内不得有热力、燃气等其他管道。通信等线缆与高压电缆应分开设置，并采取有效防火隔离措施。电缆舱具有排水、防积水和防污水倒灌等措施；廊内除按国家标准设有火灾、水位、有害气体等监测预警设施并提供监测数据接口外，还需预留电缆本体在线监测系统的通信通道。

第三章

电力电缆与电缆通道运维管理及防外力破坏

第一节　电缆通道巡视

一、电力电缆与电缆通道运维管理的基本要求

电缆与电缆通道运维管理是对电缆通道及电缆采取的巡视、维护、检测等技术管理措施和手段的总称。电缆与电缆通道运维管理包括生产准备、工程验收、巡视管理、通道管理、状态评价、带电监测、在线检测、缺陷管理、隐患管理、电缆及通道标准化管理、运行分析管理、电缆退役、档案资料管理、人员培训等工作。其要求基本涵盖以下几点：

（1）电缆及通道运行维护工作应贯彻安全第一、预防为主、综合治理的方针。

（2）运维人员应熟悉《中华人民共和国电力法》《电力设施保护条例》《电力设施保护条例实施细则》及《国家电网公司电力设施保护工作管理办法》等相关法规和国家电网有限公司的有关规定。

（3）运维人员应掌握电缆及通道状况，熟知有关规程制度，定期开展分析，提出相应的事故预防措施并组织实施，提高设备安全运行水平。

（4）运维人员应经过技术培训并取得相应的技术资质，认真做好所管辖电缆及通道的巡视、维护和缺陷管理工作，建立健全技术资料档案，并做到齐全、准确，与现场实际相符。

（5）运维单位应参与电缆及通道的规划、路径选择、设计审查、设备选型及招标等工作。根据历年反事故措施、安全措施的要求和运行经验，提出改进建议，力求设计、选型、施工与运行协调一致。应按相关标准和规定对新投运的电缆及通道进行验收。

（6）运维单位应建立岗位责任制，明确分工，做到每回电缆及通道有专人负责。每回电缆及通道应有明确的运维管理界限，应与发电厂、变电站、架空线路、开关站和临近的运行管理单位（包括用户）明确划分分界点，不应出现空白点。

（7）运维单位应全面做好电力电缆及通道的巡视检查、安全防护、状态管理、维护管理和验收工作，并根据设备运行情况，制定工作重点，解决设备存在的主要问题。

（8）运维单位应开展电力设施保护宣传教育工作，建立和完善电力设施保护工作机制和责任制，加强电力电缆及通道保护区管理，防止外力破坏。在邻近电力电缆及通道保护区的打桩、深基坑开挖等施工，应要求对方做好电力设施保护。

（9）运维单位对易发生外力破坏、偷盗的区域和处于洪水冲刷区易坍塌等区域内的电缆及通道，应加强巡视，并采取针对性技术措施。

（10）运维单位应建立电力电缆及通道资产台账，定期清查核对，保证账物相符。对与公用电网直接连接的且签订代维护协议的用户电缆应建立台账。

（11）运维单位应积极采用先进技术，实行科学管理。新材料和新产品应通过标准规定的试验、鉴定或工厂评估合格后方可挂网试用，在试用的基础上逐步推广应用。

（12）35kV 及以上架空线入地，应保障抢修及试验车辆能到达终端站、终端塔（杆）现场，同一线路不应分多段入地。

（13）同一户外终端塔，电缆回路数不应超过 2 回。采用两端 GIS 的电缆线路，GIS 应加装试验套管，便于电缆试验。

二、电力电缆通道巡视

电力电缆通道巡视要求：

（1）运维单位对所管辖电缆及通道，均应指定专人巡视，同时明确其巡视的范围、内容和安全责任，并做好电力设施保护工作。

（2）运维单位应编制巡视检查工作计划，计划编制应结合电缆及通道所处环境、巡视检查历史记录以及状态评价结果。电缆及通道巡视记录如表 3-1 所示。

表 3-1　电缆及通道巡视记录表

<table>
<tr><th>序号</th><th colspan="2">巡视对象</th></tr>
<tr><td>1</td><td colspan="2">电缆</td></tr>
<tr><td rowspan="2">2</td><td rowspan="2">附件</td><td>终端</td></tr>
<tr><td>电缆接头</td></tr>
<tr><td rowspan="4">3</td><td rowspan="4">附属设备</td><td>避雷器</td></tr>
<tr><td>供油装置</td></tr>
<tr><td>接地装置</td></tr>
<tr><td>线监测装置</td></tr>
</table>

续表

序号	巡视对象	
4	附属设施	电缆支架
		终端站
		标识和警示牌
		防火设施
5	电缆通道	直埋
		电缆沟
		隧道
		工作井
		排管（拖拉管）
		桥架和桥梁
		水底电缆
6	电缆保护区的情况	

（3）运维单位对巡视检查中发现的缺陷和隐患进行分析，及时安排处理并上报上级生产管理部门。

（4）运维单位应将预留通道和通道的预留部分视作运行设备，使用和占用应履行审批手续。

（5）巡视检查分为定期巡视、故障巡视、特殊巡视三类。

（6）定期巡视包括对电缆及通道的检查，可以按全线或区段进行。巡视周期相对固定，并可动态调整。电缆和通道的巡视可按不同的周期分别进行。

（7）故障巡视应在电缆发生故障后立即进行，巡视范围为发生故障的区段或全线。对引发事故的证物证件应妥为保管并设法取回，并对事故现场进行记录、拍摄，以便为事故分析提供证据和参考。应同时对电缆线路的交叉互联箱、接地箱进行巡视，还应对给同一用户供电的其他电缆开展巡视工作以保证用户供电安全。

（8）特殊巡视应在气候剧烈变化、自然灾害、外力影响、异常运行和对电网安全稳定运行有特殊要求时进行，巡视的范围视情况可分为全线、特定区域和个别组件。对电缆及通道周边的施工行为应加强巡视，已开挖暴露的电缆线路，应缩短巡视周期，必要时安装移动视频监控装置进行实时监控或安排人员看护。

三、电力电缆及电缆通道巡视周期

运维单位应根据电缆及电缆通道特点划分区域，结合状态评价和运行经验确定电缆及其通道的巡视周期。同时依据电缆及其通道区段和时间段的变化，及时对巡视周期进行必要的调整：

（1）110（66）kV 及以上电缆通道外部及户外终端巡视：每半个月巡视一次。

（2）发电厂、变电站内电缆通道外部及户外终端巡视：每三个月巡视一次。

（3）电缆通道内部巡视：每三个月巡视一次。

（4）电缆巡视：每三个月巡视一次。

（5）单电源、重要电源、重要负荷、网间联络等电缆及通道的巡视周期不应超过半个月。

（6）对通道环境恶劣的区域，如易受外力破坏区、偷盗多发区、采动影响区、易塌方区等应在相应时段加强巡视，巡视周期一般为半个月。

（7）水底电缆及通道应每年至少巡视一次。

（8）对于城市排水系统泵站供电电源电缆，在每年汛期前进行巡视。

（9）电缆及其通道巡视应结合状态评价结果，适当调整巡视周期。

四、电力电缆巡视检查要求和内容

（1）电缆巡视应沿电缆逐个接头、终端建档进行并实行立体式巡视，不得出现漏点（段）。

（2）电缆巡视检查的要求及内容按照表 3-2 执行，应按照规定将缺陷分类并上报缺陷。

表 3-2　电缆巡视检查要及内容

巡视对象	部件	要求及内容
电缆本体	本体	（1）是否变形。 （2）表面温度是否过高
	外护套	是否存在破损情况和龟裂现象
附件	电缆终端	（1）套管外绝缘是否出现破损、裂纹，是否有明显放电痕迹、异味及异常响声；套管密封是否存在漏油现象；瓷套表面不应严重结垢。 （2）套管外绝缘爬距是否满足要求。 （3）电缆终端、设备线夹、与导线连接部位是否出现发热或温度异常现象。 （4）固定件是否出现松动、锈蚀、支撑绝缘子外套开裂、底座倾斜等现象。 （5）电缆终端及附近是否有不满足安全距离的异物。 （6）支撑绝缘子是否存在破损情况和龟裂现象。 （7）法兰盘尾管是否存在渗油现象。 （8）电缆终端是否有倾斜现象，引流线不应过紧。 （9）有补油装置的交联电缆终端应检查油位是否在规定的范围，检查 GIS 筒内有无放电声响，必要时测量局部放电
	电缆接头	（1）是否浸水。 （2）外部是否有明显损伤及变形，环氧外壳密封是否存在内部密封胶向外渗漏现象。 （3）底座支架是否存在锈蚀和损坏情况，支架应稳固是否存在偏移情况。 （4）是否有防火阻燃措施。 （5）是否有铠装或其他防外力破坏的措施

续表

巡视对象	部件	要求及内容
附件	避雷器	（1）避雷器是否存在连接松动、破损、连接引线断股、脱落、螺栓缺失等现象。 （2）避雷器动作指示器是否存在图文不清、进水和表面破损、误指示等现象。 （3）避雷器均压环是否存在缺失、脱落、移位现象。 （4）避雷器底座金属表面是否出现锈蚀或油漆脱落现象。 （5）避雷器是否有倾斜现象，引流线是否过紧。 （6）避雷器连接部位是否出现发热或温度异常现象
	供油装置	（1）供油装置是否存在渗、漏油情况。 （2）压力表计是否损坏。 （3）油压报警系统是否运行正常，油压是否在规定范围之内
	接地装置	（1）接地箱箱体（含门、锁）是否缺失、损坏，基础是否牢固可靠。 （2）交叉互联换位是否正确，母排与接地箱外壳是否绝缘。 （3）主接地引线是否接地良好，焊接部位是否做防腐处理。 （4）接地类设备与接地箱接地母排及接地网是否连接可靠，是否松动、断开。 （5）同轴电缆、接地单芯引线或回流线是否缺失、受损
附属设施	在线监测装置	（1）在线监测硬件装置是否完好。 （2）在线监测装置数据传输是否正常。 （3）在线监测系统运行是否正常
	电缆支架	（1）电缆支架应稳固，检查是否存在缺件、锈蚀、破损现象。 （2）电缆支架接地是否良好
	标识标牌	（1）电缆线路铭牌、接地箱（交叉互联箱）铭牌、警告牌、相位标识牌是否缺失、清晰、正确。 （2）路径指示牌（桩、砖）是否缺失、倾斜
	防火设施	（1）防火槽盒、防火涂料、防火阻燃带是否存在脱落。 （2）变电站或电缆隧道出入口是否按设计要求进行防火封堵措施

五、电缆通道巡视检查要求及内容

（1）运维单位应编制巡视检查工作计划，计划编制应结合电缆及其通道所处环境、巡视检查历史记录以及状态评价结果。电缆及其通道巡视记录主要包含：通道巡视应对通道周边环境、施工作业等情况进行检查，及时发现和掌握通道环境的动态变化情况。

（2）在确保对电缆巡视到位的基础上宜适当增加通道巡视次数，对通道上的各类隐患或危险点安排定点检查。

（3）对电缆及其通道靠近热力管或其他热源、电缆排列密集处，应进行电缆环境温度、土壤温度和电缆表面温度监视测量，以防环境温度或电缆过热对电缆产生不利影响。

六、通道维护

（一）一般要求

（1）通道维护主要包括通道修复、加固、保护和清理等工作。

（2）通道维护原则上不需停电，宜结合巡视工作同步完成。

(3) 通道维护主要包括通道修复、加固、保护和清理等工作。通道维护原则上不需停电，宜结合巡视工作同步完成。

(4) 在通道维护可能影响电缆安全运行时，应编制专项保护方案，施工时应采取必要的安全保护措施，并应设专人监护。更换破损的井盖、盖板、保护板，补全缺失的井盖、盖板、保护板。

(二) 维护内容

(1) 更换缺失、褪色和损坏的标桩、警示牌和标识标牌，及时校正倾斜的标桩、警示牌和标识标牌。

(2) 维护工作井井口。

(3) 清理通道内的积水、杂物。

(4) 维护隧道人员进出竖井的楼梯（爬梯）。

(5) 维护隧道内的通风、照明、排水设置和低压供电系统。

(6) 维护电缆沟及隧道内的阻火隔离设施、消防设施。

(7) 修剪、砍伐电缆终端塔（杆）、T 接平台周围安全距离不足的树枝和藤蔓。

(8) 修复存在连接松动、接地不良、锈蚀等缺陷的接地引下线。

(9) 更换缺失、褪色和损坏的标桩、警示牌和标识标牌，及时校正倾斜的标桩、警示牌和标识标牌。

(10) 对锈蚀电缆支架进行防腐处理，更换或补装缺失、破损、严重锈蚀的支架部件。

(11) 保护运行电缆管沟可采用贝雷架、工字钢等设施，做好悬吊、支撑保护，悬吊保护时应对电缆沟体或排管进行整体保护，禁止直接悬吊裸露电缆。

(12) 绿化带或人行道内的电缆通道改变为慢车道或快车道，应进行迁改。在迁改前应要求相关方根据承重道路标准采取加固措施，对工作井、排管、电缆沟体进行保护。

(13) 有挖掘机、起重机等大型机械通过非承重电缆通道时，应要求相关方采取上方垫设钢板等保护措施，保护措施应防止噪声扰民。

(14) 电缆通道所处环境改变致使工作井或沟体的标高与周边不一致的，应采取预制井筒或现浇方式将工作井或沟体标高进行调整。

七、巡视注意项目及工器具

(1) 电缆及通道巡视期间，应对进入有限空间的检查、巡视人员开展安全交底、危险点告知等，交底告知内容包括：

1）有限空间存在的危险点及控制措施和安全注意事项。

2）进出有限空间的程序及相关手续。

3）检测仪器和个人防护用品等设备的正确使用方法。

4）应急逃生预案。

（2）为检查、巡视人员配备符合国家标准要求的检测设备、照明设备、通信设备、应急救援设备和个人防护用品，每人一份，主要包含内容参照表3-3。

表3-3　检查、巡视人员配备设备

序号	工器具名称
1	便携式气体检测仪，应选用氧气、可燃气、硫化氢、一氧化碳四合一复合型气体检测仪
2	头盔灯或手电，应为防爆型
3	对讲机
4	正压隔绝式逃生呼吸器
5	安全帽、手套等
6	测距仪
7	照相机
8	录音笔
9	手持式智能巡检终端（RFID等）

（3）安全措施要求：

1）进入有限空间前应先进行机械通风，经气体检测合格后方可进入。

2）进入有限空间，通道内应始终保持机械通风，人员携带的便携式气体检测仪器应开启，并连续检测气体浓度。

3）通道内应急逃生标识标牌挂设应准确，逃生路径应通畅，应急逃生口应开启并设专人驻守。

4）照明、排水、消防、有毒气体等设备应运行正常且监测数据符合要求。

5）广播系统或有线电话等应急通信系统应运行正常。

6）消防系统应调整至手动状态，并派人专人值守。

7）监控中心应设置专人监护。

第二节　电力电缆防外力破坏

一、电力电缆外力破坏的定义和特性

（一）电力电缆外力破坏定义

电力电缆线路外力破坏是人们有意或无意造成的线路部件的非正常状态，主要有毁坏电缆线路设备及其附属设施、蓄意制造事故、盗窃电缆线路器材、工作疏忽大意或不清楚电力知识引起的故障，如建筑施工、通道塌方、船舶锚泊等。

（二）输电电缆线路保护区定义

根据《电力设施保护条例》规定，输电电缆线路保护区为：①地下电缆，为电缆线路地面标桩两侧各 0.75m 所形成的两平行线内的区域；②海底电缆，一般为线路两侧各 2 海里（港内为两侧各 100m）、江河电缆一般为不小于线路两侧各 100m（中、小河流一般不小于各 50m）所形成的两平行线内的区域。

各地区可根据实际情况，对各属地范围内电力电缆保护范围进行拓展，如苏州地区要求电缆通道两侧 5m 范围内不得擅自施工。

（三）电力电缆外力破坏的特性

电力电缆设备与变电设备、架空设备有所不同，具备三个特殊性：①隐蔽性，敷设在地下属于隐蔽设施，肉眼不可见；②开放性，像蜘蛛网一样密集分布在城市的大街小巷，容易受施工等外界环境的影响；③共存性，与燃气、热力等 7 大类管线共同存在地下密闭空间当中，相互影响，管理难以独善其身。伴随经济社会的快速发展，市政、路桥等施工建设给电力电缆线路安全运行造成的隐患增多，各电力电缆危险点机械施工种类多，人员流动性强，现场管控难度大，且目前正常的人力巡视周期无法实现危险点全时段覆盖，电力电缆设备遭受外力破坏的风险也随之增加。

电力电缆一旦发生外力破坏，具有抢修范围广、抢修时间长、故障损失大等特点。外力破坏后电缆的破损点将导致电缆进水，进而影响整根电缆。抢修更换电缆时需制作中间头，需要根据现场工井情况切断大段电缆。即使电缆的轻微变形都会影响电场分布，需要进行电缆的更换，造成电缆抢修范围扩大。电力电缆抢修材料具有有效期，订购周期长，同时电缆的切割、中间头的制作耗费较长时间。长时间的抢修将造成停电损失增加以及电网运方薄弱，有造成事故扩大的隐患。电缆本体和附件材料成本高，若故障涉及管道变形、报废、通道坍塌、隧道沉降等，电缆治理费用将达数百万。

二、电力电缆外力破坏的类型

电缆线路外力破坏分为盗窃及蓄意破坏、施工（机械）破坏、塌方破坏、异物短路、非法取（堆）土、通道入侵、内破事故等种类，其分类和危害如下。

1. 盗窃及蓄意破坏

盗窃及蓄意破坏主要是由于电缆线路本体被盗割或附属设施被偷盗、破坏，引起电缆线路故障。主要包括电缆本体、接地电缆、回流缆、接地箱、井盖、支架、固定夹、接地铜排、接地引线等被盗或被破坏，如图 3-1 所示。

(a)

(b)

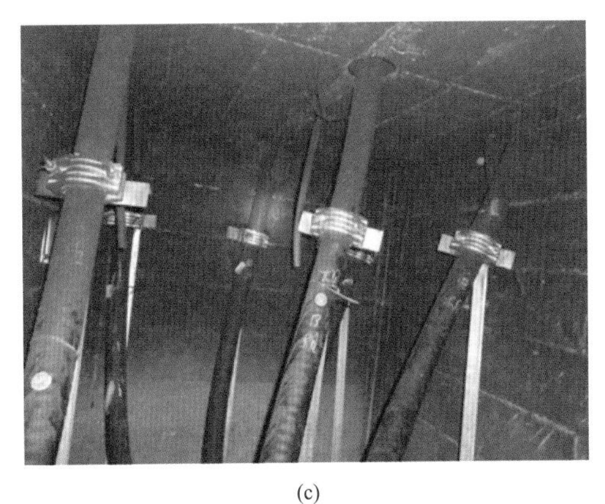

(c)

图 3-1　电缆被盗割

(a) 电缆本体被盗割；(b) 电缆接地线被盗割；(c) 电缆回流线被盗割

2. 施工（机械）破坏

随着城市建设和改造步伐不断加快，各种市政、轨道交通等施工全面铺开，近几年来施工（机械）破坏是电缆线路外力破坏的主要形式。施工（机械）破坏主要是由于打桩机、勘探机、挖掘机、破碎机、非开挖拖拉管、船舶等大型机械在电缆线路保护区内违章作业及重车通行、重物坠落等，造成电缆线路损坏或故障，各类施工现场如图 3-2 所示。

3. 塌方破坏

塌方破坏主要是由于地层结构不良、雨水冲刷、构筑物本体缺陷等原因，致使电缆通道塌陷从而造成电缆线路损坏或故障，主要包括深基坑塌方破坏、地质塌方破坏和堆土滑移破坏。塌方破坏多出现于轨道交通、高层建筑物、桥梁等大型施工场地，破坏面积大、破坏性强，极易造成电缆本体和通道严重损坏及电缆线路停运。各类塌方破坏如图 3-3 所示。

图 3-2 各类施工现场（一）

（a）打桩机施工；（b）勘探机施工；（c）挖掘机施工；（d）破碎机施工；（e）非开挖拖拉管；（f）重车通行

(g)

图 3-2　各类施工现场（二）

（g）水面船舶通行

(a)

(b)

图 3-3　各类塌方破坏

（a）轨道交通施工造成地质塌方；（b）高层建筑物施工造成深基坑塌方

4. 异物短路

异物短路主要是由于彩钢瓦、广告布、气球、飘带、锡箔纸、塑料遮阳布（薄膜）、风筝以及其他一些轻型包装材料缠绕至电缆终端，造成电缆终端的短路故障。这些异物一般呈长条状或片状，受大风天气影响，引发电缆线路故障的随机性较大。电缆线路终端异物隐患如图 3-4 所示。

5. 非法取（堆）土

非法取（堆）土主要是在电缆线路通道保护区内非法进行取土挖掘或堆积过程中，由于挖掘过量或堆积过高而直接造成电缆通道损坏，进而损伤电缆本体及附件等的各种危害。

图 3-4 电缆线路终端异物隐患

6. 通道入侵

通道入侵主要是由施工队伍将动力电缆、光缆、通信电缆等其他管线私自放入到输电电缆通道内，或者其他通道建设接通到高压电缆通道等。由于光缆等管线绝缘、防火等级远不及输电电缆，或入侵管线带缺陷运行等，易造成通道内放电、起火，波及通道内其他输电电缆等。

7. 电缆内破事故

电缆内破事故主要指由供电企业发包工程所开展的内部施工造成的电缆破坏事故。内部施工涉及电缆通道及本体施工众多，虽然施工单位对电缆走向、保护制度等更为了解，但各类电缆破坏事故仍然屡见不鲜。内破事故主要包括施工对电缆通道和本体的直接外力破坏，电缆通道施工对存量通道或电缆保护不周，电缆运输敷设过程措施不当造成电缆带内伤运行，新建电缆通道与已正在运行的电缆通道接通造成电缆或通道损坏。

三、电力电缆宣传保护

电力电缆保护的宣传从物、人、地等多维度深入开展。

（一）宣传方式

1. 手册传单类

制作电力设施保护手册或传单，开展防外力破坏相关知识宣传。电力电缆保护宣传手册如图 3-5 所示。

2. 宣传贴纸类

制作形象生动、重点突出的防外破宣传贴纸，张贴于机械施工现场、电力危险点等。电力电缆保护宣传贴纸如图 3-6 所示。

3. 宣传小礼品

制作带有安全宣传标语的实用小礼品。在人员流动性强或者大型工地多点宣传，使电力电缆防外破保护的宣传工作更接地气、更深入人心、预防于乐。

（二）宣传重点

加强重点人群宣传，包括破碎机等大型机械驾驶员等特定人群教育和宣传；加强重点区域宣传，在施工密集区域宣传、人流密集的广场宣传和特定隐患点的集中宣传；加强重点时期宣传，在每年安全月期间、施工季节来临前、各种保供电（特殊电网运行方式、重要节假日、重大社会活动）期间开展的宣传。

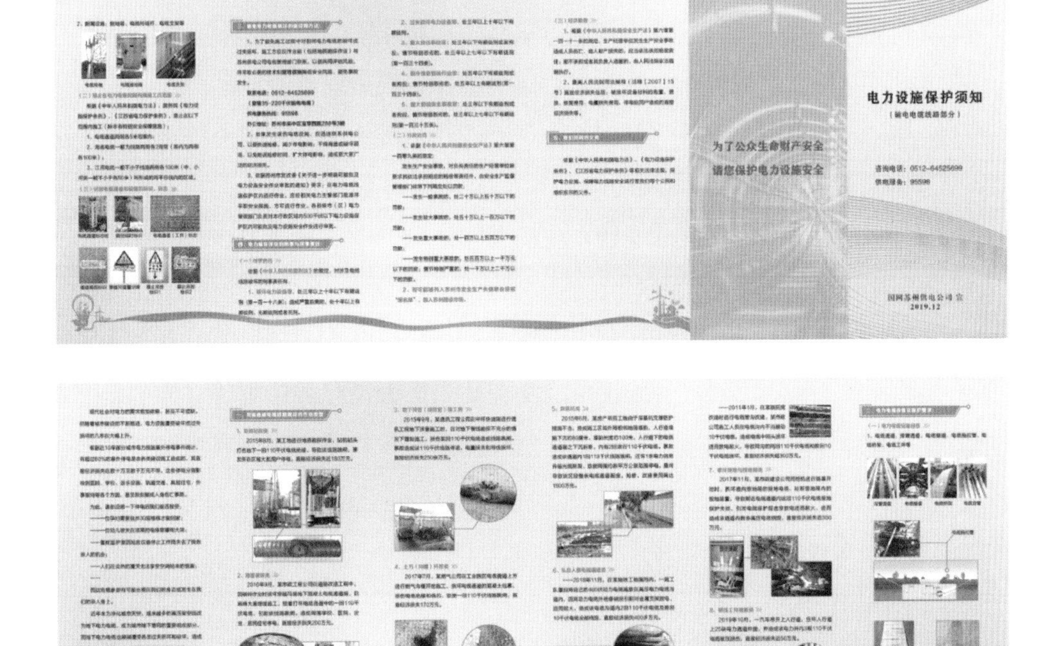

图 3-5　电力电缆保护宣传手册

图 3-6　电力电缆保护宣传贴纸

（三）宣传形式

在把握重点人群、重点区域、重点时期的基础上，应改变原先的被动模式，主动出击，采用“走出去”“请进来”等形式，积极对接。

(1) 深入到轨道交通施工、桥梁施工、建筑工地等危及输电电缆线路安全区域，提供上门服务，加强沟通，主动对接，形成长效联络机制。

某地轨道交通施工场地突发渗水现象，由于该施工现场涉及一回110kV电缆和一回35kV电缆。由于该地供电公司电缆运检室已与轨道交通公司开展“防外破结对创先活动”，形成了良好的联络机制，电缆运检室第一时间获悉现场渗水情况，并预判有可能造成电缆通道塌方。随即深夜赶赴现场，现场勘查后判断电缆通道底部已塌方，立即联系多方讨论，制定抢修方案，线路紧急停电，采取现场渗漏点注浆等措施成功解决危机。

(2) 电缆运检单位和属地供电公司组织建立挖掘机、路面破碎机等特种工程车辆车主、驾驶员及大型工程项目经理、施工员、安全员等电力设施保护宣传对象的信息数据库，开展电力安全知识培训和座谈会。定期发放安全宣传物品，充分利用微信群等方式推动培训宣传工作常态化。

（四）标识

现场标识包括标识桩、标识牌、临时路径指示等，对位于不同地域条件的电缆通道路径进行清晰标识。

图3-7　电缆标识桩

1. 标识桩

电缆路径通道指示标识兼警告牌，用于闹市或风景区绿化带、灌木丛、顶管两侧电缆管线路径指示。标识桩500mm埋入泥土，宜每隔30～50m设立1块，路径转弯处两侧宜增加。标识桩材料应具有强度高、质量轻、抗冲击、防偷盗等特性，目前以新型不饱和树脂材料为主。电缆标识桩如图3-7所示。

2. 电缆标识牌

位于郊外、具备安装条件市区绿化带、沿河等电缆通道，在电缆通道两侧每隔25m设置的标识牌，实现对电缆通道清晰标识。材质有铝板、搪瓷等，固定螺栓宜为防盗螺栓，内容应有醒目的警示和具体的联系方式。各类电缆标识牌如图3-8所示。

3. 路径标识

电缆路径通道指示标识兼警告牌，用于电缆管线路径处在人行道、慢车道或快车道

(a)

(b)

(c)

图 3-8　各类电缆标识牌

（a）市区绿化带电缆通道标识牌；（b）绿化带电缆通道标识牌；（c）沿河等电缆通道标识牌

上，在电缆工井、排管、拖拉管等上方应进行醒目标识，颜色宜黄色、红色、蓝色等鲜艳颜色，可间隔 25m 设置 1 块，路径转弯处两侧宜增加数量。埋设过程中电压等级字样朝向受电侧。对于施工周期短、电缆路径通道周边环境易发生变化的区域，可使用临时路径标识，主要为小红旗。各类电缆路径标识如图 3-9 所示。

(a)

(b)

图 3-9　各类电缆路径标识（一）

（a）柏油路上的电缆路径标识；（b）井盖上的电缆路径标识

(c)

(d)

图 3-9 各类电缆路径标识（二）

（c）道砖上的电缆路径标识；（d）绿化改造地区的临时路径标识

四、电力电缆外力破坏的防范措施

（一）电力电缆防外力破坏的法律保障

各级电力电缆线路运检单位积极宣传和认真贯彻国家和地方政府有关法律法规及行业、国家电网有限公司有关标准、制度、规范、规定。输电电缆线路防外力破坏相关法律明细表如表 3-4 所示，输电电缆线路防外力破坏相关法规明细表如表 3-5 所示。

表 3-4　　输电电缆线路防外力破坏相关法律明细表

序号	法律名称	文号
1	《中华人民共和国电力法》	中华人民共和国主席令第 60 号
2	《中华人民共和国刑法》	中华人民共和国主席令第 66 号

表 3-5　　输电电缆线路防外力破坏相关法规明细表

序号	法规名称	文号
1	《电力设施保护条例》	中华人民共和国国务院令第 239 号
2	《电力设施保护条例实施细则》	国家经贸委、公安部令第 8 号
3	《电力供应与使用条例》	中华人民共和国国务院令第 196 号
4	《关于加强电力设施保护工作的通知》	国务院办公厅国办发〔2006〕10 号

续表

序号	法规名称	文号
5	《国务院办公厅关于加强城市地下管线建设管理的指导意见》	国办发〔2014〕27号
6	《最高人民法院关于审理破坏电力设备刑事案件具体应用法律若干问题的解释》	法释〔2007〕15号
7	《公安部关于进一步加强废旧金属收购业治安管理工作的通知》	公通字〔2007〕70号
8	《国家工商行政管理总局、公安部关于开展废旧金属收购站点专项整治工作的通知》	工商个字〔2008〕58号
9	《国家能源局关于加强施工安全管理保护电力设施安全的通知》	国能局电力〔2009〕13号
10	《关于进一步加强电力电信广播电视设施安全保护工作的通知》	公通字〔2011〕6号

《中华人民共和国刑法修正案（十一）》自2021年3月1日起施行，其中规定，“强令他人违章冒险作业，或者明知存在重大事故隐患而不排除，仍冒险组织作业，因而发生重大伤亡事故或者造成其他严重后果的，处五年以下有期徒刑或者拘役；情节特别恶劣的，处五年以上有期徒刑。”

（二）盗窃及蓄意破坏防范措施

（1）建立警企联动机制，加大联合执法检查力度，全力打击盗窃、破坏电缆等违法行为。

（2）全群众护线网络。依靠和发动群众提供破案线索，向群众公布微信、95598供电服务等相关举报平台、举报奖励办法，以调动人民群众参与保护输电电缆的积极性。对举报、制止、抓获破坏盗窃电缆犯罪分子的人员和单位，给予相应的奖励，提高群众保护输电电缆线路的积极性。

（3）对盗窃频繁区域，加大巡视力度，缩短巡视周期，除保证正常巡视外，安排盗窃高发区域、偷盗高发时期开展特殊巡视。

（4）针对接地箱、回流缆被盗问题，对于易盗区域的存量接地箱，可装设防盗、防撞接地箱防护围栏，或者将接地箱进行焊接，易盗地区接地箱进行焊接处理。易盗区域的增量接地箱，可选用具有开门报警功能的智能接地箱，一旦箱门被打开或撬开，接地箱内报警装置立即发出报警声，利用监控软件显示报警信息，同时自动拨打事先设置好的接警电话，智能接地箱框架结构和实物图如图3-10所示。

（5）对于电缆本体被盗问题，推广使用具备防盗功能的防坠落双层井盖，井盖现场开启需专用开井工具，同时可集成远程授权开启、非法开启报警功能。杜绝非法进入电缆通道。防坠落双层井盖如图 3-11 所示。

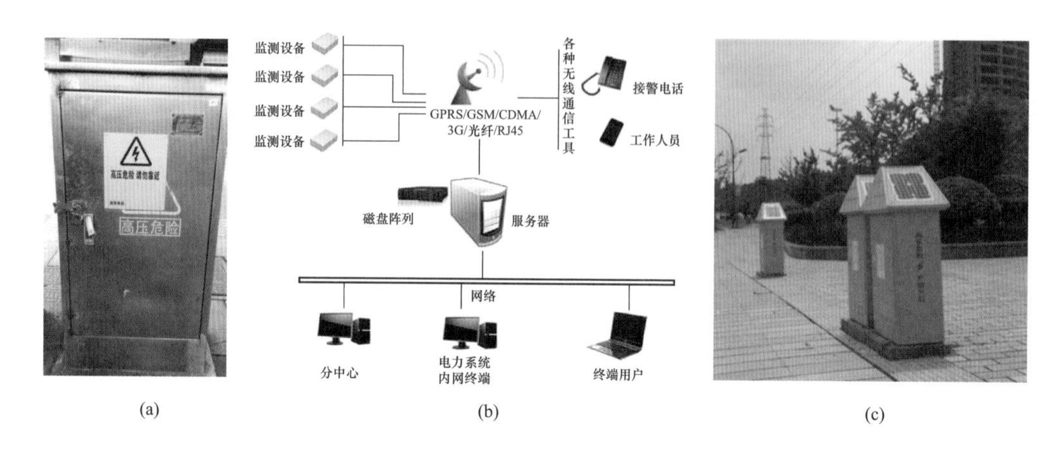

图 3-10 智能接地箱框架结构和实物图

（a）易盗地区接地箱进行焊接处理；（b）智能接地箱框架结构图；（c）智能接地箱实物图

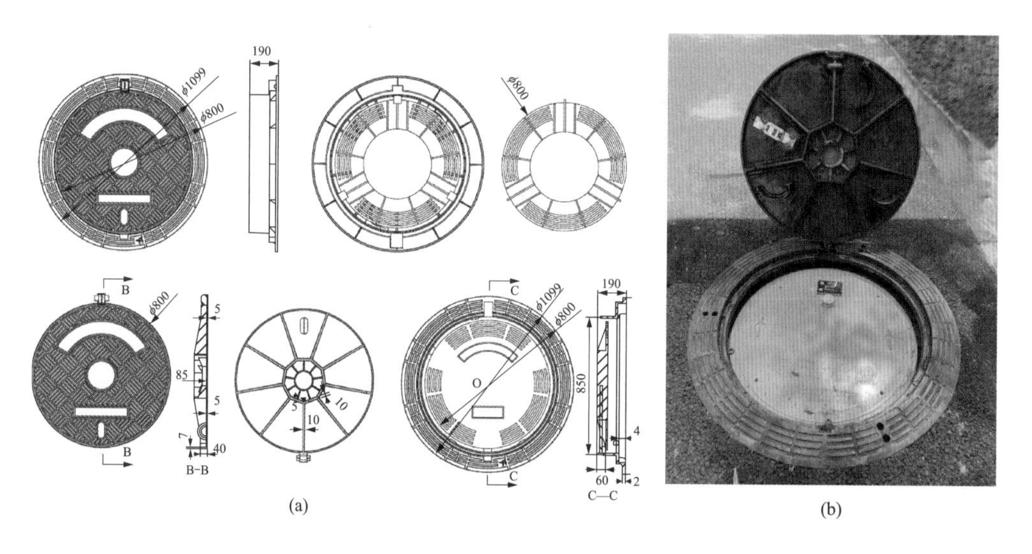

图 3-11 防坠落双层井盖

（a）结构图；（b）实物图

（三）施工（机械）破坏的防范措施

1. 强化电力电缆巡视值守制度

加强大型机械施工点的巡视力度，结合施工情况，缩短巡视周期，在系统处于特殊运行方式及重点节假日保供电期间，开展施工点特巡，时刻了解施工变化，在电缆线路运行人员巡视空档期内，有效保障电缆线路的安全运行。电力电缆管理部门应加强对外协巡视队伍的管理，除常规督查、奖惩措施外，可尝试技术手段进行巡视值守质量管控。针对巡视值守的管控难点，重点开发移动巡检功能，创新电缆通道“街景”功能，巡视过程上传通道、电缆井、终端、接地箱等重要部位的照片，同时进行照片、轨迹与电缆路径匹配，以检查巡视到位率，同时采用集中监控的模式也能及时发现缺陷，并依托平台实现缺陷的上报、处理、验收，完成消缺的闭环处理。移动巡检平板巡视路径与电缆路径的匹配查询图 3-12 所示。

(a)

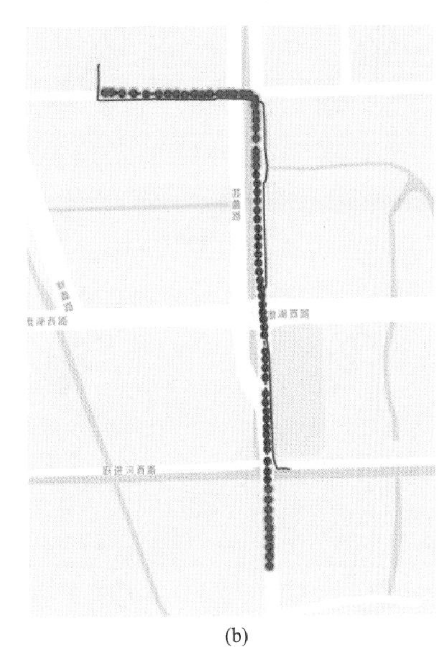

(b)

图 3-12　移动巡检平板巡视路径与电缆路径的匹配查询

(a) 巡视路径；(b) 电缆路径

2. 加强施工危险点的管理

细化危险点分级，强化施工交底、现场培训、保护方案审批流程。对于大型机械使用频繁隐患风险等级高的施工点，设立专人驻守监护，实时了解施工现场进度，第一时间处理突发情况，现场驻守人员及时与施工单位负责人进行沟通协调，可试用“一点一群”的管理措施。尝试差异化管控危险点，对于大型工程，加强事前、事中管控，严格方案审批，要求对电缆通道进行硬隔离措施，提高保护标准，明确测绘要求；对于短、频、快的施工，尽量多沟通，消除施工方抵触情绪，建立沟通渠道。施工危险点对电缆通道的硬隔离保护如图 3-13 所示。

3. 加强施工安全宣传

为加强施工点防外力破坏管控，除在电缆路径上安装必要的标识牌、标识桩、标识砖标识电缆路径外，还应悬挂、安装必要的警示标识、宣传贴纸、发放宣传扑克牌等。

图 3-13 施工危险点对电缆通道的硬隔离保护

4. 强化管理责任，夯实电缆基础

强调电缆线路运检单位的主体责任。核查电缆标志，加大电缆第一责任人管理力度，在督促外协巡视人员提高巡视质量的同时，电缆第一责任人核查所辖线路的情况，防止出现因为没有明显准确的电缆标示导致施工外力破坏事故发生。也可采用硬性技术措施，例如，对于已运行浅埋电缆加密设置“浅埋电缆、严禁开挖”类的警示标示，加设保护、防压措施；对过路管电缆加钢板保护等措施。利用物探技术、测绘技术和地理信息系统技术，确保每个危险点路径、高程清晰。对于存量电缆，进行路径核查检测，对于路径不清楚和过路管等进行测绘核对，对路径标识进行查错补缺，确保现场资料准确。对于增量电缆项目，应在验收前完成通道标识安装，验收后限期内完成测绘，并根据测绘结果核对标识准确性，从源头确保数据准确齐全。

5. 对于在电缆保护区内进行的施工

下发《客户危险告知单》，要求上报施工方案和电缆保护方案。对于未经审批即在电缆保护区内施工或者未按照施工方案要求进行施工的现场，立即要求现场停止施工，上报上级管理部门，联合政府相关部门约谈相关责任人。对于拒不服从，屡教不改的施工单位，可考虑采用停现场临时用电的方式推进保护工作。

6. 应用新技术

由于线路巡视无法实现全时段覆盖，可考虑使用新技术完成电缆防外破。其中光纤防外破技术和通道可视化近期发展较为迅速，光纤防外破系统主要依托分布式光纤振动传感技术实现电缆外力破坏监测，实时测量传输线路周围的振动情况，定位异常发生地点，并识别潜在威胁到电缆的垂直距离，从而有效评估外力破坏威胁等级，该系统能提供可靠的传输线路防外力破坏预警功能，有力保证电力系统的安全运行。通道可视化通过摄像头设计，监控施工危险点、电缆通道等，定时抓拍线路通道和危险点区域图片，上传至平台系统，及时获取线路运行状态，也可对已发生的事故进行取证，可代替人工巡视，有效保障输电线路运行安全。

（四）塌方破坏的防范措施

(1) 加强通道附近大型深挖施工现场的巡视，结合周期性巡视情况，对施工现场进行风险评估，并据此调整巡视周期。台风、大雨易引发塌方天气情况、系统处于特殊运行方式及重点节假日保供电期间，开展特殊巡视，实时掌握现场情况。

（2）对于施工周期长、区域大的电缆通道的大型深挖施工点，设立24小时驻守人员，时刻了解施工现场进度，对于可能引发塌方点，第一时间处理突发情况，现场驻守人员及时与施工单位负责人进行沟通协调，在电缆线路运行人员巡视空档期内，有效保障电缆线路的安全运行。

（3）加强电缆通道附近深基坑开挖施工审批管控，对于电缆线路周围的深基坑开挖施工，要求制定完善的防塌方维护方案，并邀请结构及电力专家召开方案审查会议。完善新建电缆规划审查流程。对新建电缆工程，前期规划过程完善前期其他管线收资工作，避免新建电缆规划区域安全区内有自来水、污水管线，发现问题及时治理。

（4）加强电缆通道附近地铁、隧道等施工点管控，要求施工单位做好电缆通道沉降观测并定期向电力部门反馈，防止发生地质塌陷。

（五）异物短路的防范措施

（1）对电力设施保护区附近的彩钢瓦等临时性建筑物，运行维护单位应要求管理者或所有者进行拆除或加固。可采取加装防风拉线、采用角钢与地面基础连接等加固方式。

（2）针对危及电缆线路安全运行的垃圾场、废品回收场所，线路运检单位要求隐患责任单位或个人进行整改，对可能形成漂浮物隐患的，如广告布、塑料遮阳布（薄膜）塑、锡箔纸、气球、生活垃圾等采取有效的固定措施。必要时提请政府部门协调处置。

（3）针对电缆线路保护区外两侧各100m内的日光温室和塑料大棚，要求物权者或管理人采取加固措施。夏季台风来临之前，电缆线路运检单位敦促大棚所有者或管理者采取可靠加固措施，加强线路的巡视，严防薄膜吹起危害电缆线路终端。

（4）电缆线路运检单位在巡线过程中，配合农林部门开展防治地膜污染宣传教育，宣传推广使用液态地膜，提高农民群众对地膜污染危害性的认识。要求农民群众对回收的残膜要及时清理清运，避免塑料薄膜被风吹起，危及电缆线路安全运行。

（5）根据电缆线路保护区周边垃圾场、种植大棚、彩钢瓦棚、废品回收站等危险源，在线路通道周边设置相关防止异物短路的警示标识，发放防止异物短路的宣传资料，及时提醒做好电缆线路保护工作。

（6）加强线路防异物短路巡视工作。

（六）非法堆（取）土的防范措施

（1）针对直接威胁电缆线路安全运行的非法取（堆）土施工作业，随时可能导致线路故障的危急情况，立即制止；针对可控的施工行为，签订安全协议，加强监督检查。

（2）对于可预期的政府基础建设项目（如路桥、地铁建设等），可能导致电缆线路通道周围取（堆）土的情况，电缆线路运检单位积极与政府部门沟通，提前介入施工作业的安全管理，与其签订相关的“安全施工协议”，对于确定需要电缆线路迁改项目，在电缆线路迁改完成后，方可允许施工单位作业，未完成前加强重点区段的检查。

（3）对于因电缆周围及保护区内非法取（堆）土，已损伤电缆线路通道本体的隐患，电缆线路运检单位责成施工方，通过修复通道、移除保护区内堆放物等技术手段彻底消除隐患。

（七）通道入侵的防范措施

（1）建立与各管线单位的互联关系，及时准确地掌握各种施工的规划及工程进度，对电力电缆通道采取可靠的保护措施，提前消除其他管线入侵电缆通道的可能性。

（2）推广使用防坠落圆井盖，杜绝其他单位进入电缆通道的可能性。推广通道可视化，时刻掌握电缆通道的动态。

（八）电缆内力破坏事故的防范措施

根据电缆运维单位近年来的经验总结，发生内力破坏的事故中，在临近电缆通道施工时，不管是项目经理（施工员）还是施工单位负责人，均未向电缆线路运检单位报备施工方案，没有严格履行方案审批手续，也没有进行现场安全交底。

对于电缆内力破坏的防范措施，应坚持“预防为主”和“谁主管、谁负责”的原则，强化专业管理，强调部门协调。

（1）加强内部管理。地市供电公司应制定加强公司内部企业建设施工过程中输配电通道安全管理工作的文件，并严格执行。同时，电缆线路运检单位应研究细化系统内部施工企业的审批流程，积极与项目经理（施工员）对接，主动服务，靠前预防，建立长效沟通机制。建议每个项目由系统内的项目经理（施工员）与电力电缆线路运检单位第一责任人进行沟通并传递保护方案，并责成现场施工人员严格按照保护方案施工，做到令行禁止，电缆线路运检单位现场监护人员叫停时要立即停止，真正落实安全管理责任。

（2）加强培训宣传。将电力设施保护的相关宣传教育活动落实到公司系统内部，对内的宣传细化考虑宣传活动的有效点位、力度和时间。对于公司系统的项目经理（施工员）要提高其认识，让其意识到外力破坏的严重性；同时收集完善系统内部等挖机、破碎机、打桩机、顶管机等大型机械车辆车主、驾驶员及项目经理、施工员、安全员等相关人员的台账资料，加强对大型机械驾驶员等人员的电力设施保护培训。

五、外力破坏事件的处理

面对电力电缆线路可能出现的外力破坏，电缆线路运检单位应提前做好物资储备，编制适合地区的“应急预案”和“现场应急处置方案”，现场应急处置方案应充分结合本地区外力破坏的隐患类型有针对性编制，同步进行档案更新，确保在因外力破坏导致线路障碍时将电网的损失降到最低。应急处置流程，外力破坏事故应急处置流程如图 3-14 所示。

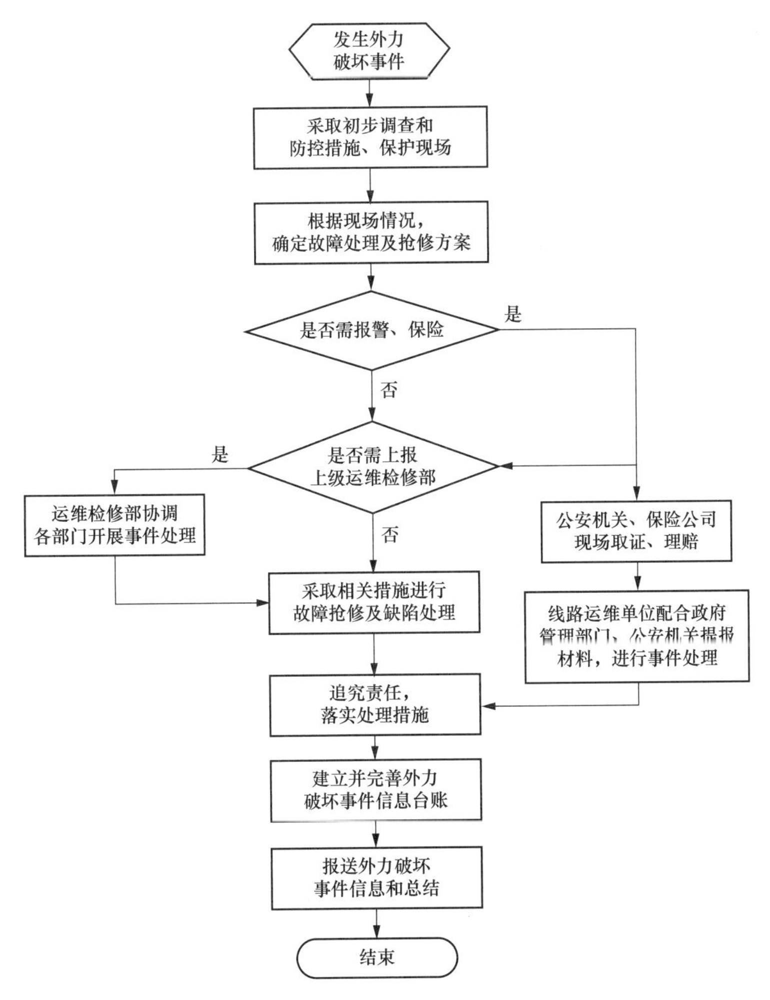

图 3-14 外力破坏事故应急处置流程

（一）现场处置

（1）输电电缆线路发生外力破坏故障后，线路运检单位结合输电电缆线路受损严重程度和现场综合情况，确定故障抢修方案及安全组织措施，力争在最短的时间内恢复线路的常规运行方式，最大限度降低系统异常运行方式下的安全风险。

（2）采取相关措施进行故障抢修及缺陷处理。按照确定的抢修方案，线路运检单位准备好抢修工器具和材料，填写“事故应急抢修单”，向电力调度控制中心申请作业，开展故障抢修及缺陷处理。

（3）当由于非法盗窃、车辆（机械）施工、化学腐蚀等原因引发线路外力破坏故障，造成电缆线路等主要部件严重受损、车辆损毁、人员伤亡等严重后果时，立即上报上级专业管理部门，全力抢救伤员，设法保护现场。

（4）追究责任，落实处理措施。针对肇事的责任单位和个人，由政府输电电缆线路管理部门、安监等相关部门配合开展事件调查，针对事件的严重程度依法采取经济处罚、中止供电、限期整改等处理措施。

（二）报警、报险、取证

1. 报警

输电电缆由于外力破坏造成部件失窃、受损、人员伤亡、财产损失时，线路运检单位在第一时间向当地公安机关报案或联系电力警务室立即赶往事故现场，报案时详细说明案件发生时间、地点、现场情况及联系人等，引领公安机关工作人员进行现场取证，并积极配合案件侦破相关工作。

2. 报险

输电电缆由于外力破坏事件导致设备失窃、受损、财产损失等情况涉及保险公司经济赔偿时，线路运检单位在报警的同时，还应第一时间报险，配合保险公司开展现场工作，并收集和提供相关报险理赔材料。

3. 记录留存

完成报警报险后，输电电缆线路运检单位按理赔程序及要求，留存公安机关的报案回执和保险公司的出险记录单、受损财产清单等。同时对故障第一现场、出警出险、应急抢修等全过程保留详细全面的影像资料。

4. 取证

输电电缆线路运检单位搜集第一现场证据，保护现场，维护现场秩序，等待后续人员到来。积极配合当地公安机关和电力行政执法部门做好现场的调查、取证等工作。证据包括：①肇事单位或肇事人所写的事件经过情况陈述、申辩、个人陈述的录音录像笔录资料等；②损坏的输电电缆线路现场实物、图片图像资料、试验报告等；③肇事单位或肇事人损坏输电电缆线路的工具、作业文件；④因损坏输电电缆线路而造成的直接经济损失及其计算依据文件；⑤能提供人证、物证群众的情况及联系方式等。

（三）信息报送

（1）信息要客观、准确、及时。报送事件内容包括发生时间、地点、输电电缆线路的损坏情况、管辖单位及具体负责单位、对外停电影响和处理情况等。

（2）发生特、重大事件要求2小时内将有关情况以电话、手机短信或传真等方式第一时间报告上级管理部门；事件发生后12小时之内将事件初步分析报告以电子邮件或传真形式报送；一般事件纳入电力设施保护工作月报的报送内容。

（3）要做好重大外力破坏事件的媒体记者接待和新闻报道处置工作，引导舆论关注保护输电电缆线路的重要性和破坏输电电缆线路给社会、用户和电力企业带来的危害性。如出现外力破坏事故引发的维稳事件，启动相应专项应急预案。

（四）索赔标准

（1）参照《最高人民法院关于审理破坏电力设备刑事案件具体应用法律若干问题的解释》（法释〔2007〕15号），外力损坏电力设施事件的直接经济损失包括电量损失费和修复费用。

（2）电量损失费的计算：电量损失费（元）＝损失负荷（kW）×停电时间（h）×当地平均电价（元/kWh）。

（3）修复费用的计算：修复费用＝人工费＋材料费＋机械费＋试验费＋短路电流。造成的其他主设备修复损失费＋其他费用＋间接费用。

（4）修复费用的定额标准依据《电网检修预算定额》核算。

第四章

电力电缆本体及附件运检

电缆本体以及附件，是电缆运行检修工作最重要的对象之一，电力电缆本体是指除去电缆接头和终端等附件以外的电缆线段部分，电缆附件是指电缆终端、电缆接头等电缆线路组成部分。近年来，随着电缆资产规模持续增加、电缆整体投运年限上升等因素，电缆本体及附件安全运行面临的潜在威胁日益升高，而目前各地电缆运检部门又面临着专业人员相对短缺、资产存量大的矛盾，如何基于相对有限的运检人力资源，利用先进的运检技术手段与管理方法，做好电缆本体及附件运检工作，是各地区电缆运行部门亟待解决的难题。

电缆本体及附件运检工作按照现场实际开展状况，可以分为三方面工作：①电缆本体及附件巡检工作；②电缆本体及附件消缺工作；③电缆故障抢修处理工作。通过三方面工作的开展，对各类电缆本体及附件缺陷、隐患形成全流程闭环管理。

对于电缆本体及附件巡检工作，可以细分为外观检查、带电检测、停电检查三个方面；电缆本体及附件消缺工作，可以细分为缺陷分级、缺陷处理两个方面；对于电缆故障抢修处理工作，可以细分为电缆故障预定位、精确定点、故障修复三个方面。

第一节　电缆本体及附件巡检工作

一、电缆本体及附件带电检测工作

带电检测是电缆日常检修工作的主要内容，现场应用较多的有红外检测技术、金属护层感应电压与接地电流检测、接地电阻检测、高频局部放电检测等部分。

（一）红外检测技术

作为现场发现电缆终端缺陷的最有效技术措施，红外热成像技术通过对电缆设备中具有电流、电压致热效应或其他致热效应的带电部位进行检测和诊断，能够甄别电缆设备终端、接地系统缺陷状况[4]。

该项技术的优点是开展简便、有效、快捷，缺点是对于部分温差不大的电压致热型缺陷缺少灵敏、可靠的定量分级标准。

现场应用红外精确热成像测温技术时，一般推荐使用空间分辨率在 640×480 以上的红外热成像仪，并且必须配备 7 度镜头，拍摄线夹、尾管等金属部位时辐射率取 0.9，拍摄终端套管、避雷器等绝缘部位时辐射率取 0.92。测量应在阴天、夜间或晴天日落 2h 后时进行。根据现场测试经验，精确红外测温时应在阴雨天气结束至少 2 天后测量，否则难以获得清晰的红外图谱[5]。

红外检测的周期在各个规程中有不同的规定，在此进行列举。

（1）根据 Q/GDW 11223—2014《高压电缆线路状态检测技术规范》，红外检测周期如表 4-1 所示。

表 4-1　　　　红 外 检 测 周 期

<table>
<tr><th>电压等级</th><th>部位</th><th>周期</th><th>说明</th></tr>
<tr><td rowspan="2">35kV</td><td>终端</td><td>1）投运或大修后 1 个月内；
2）其他 6 个月 1 次；
3）必要时</td><td rowspan="8">1）电缆中间接头具备检测条件的可以开展红外带电检测，不具备条件可以采用其他检测方式代替；
2）当电缆线路负荷较重，或迎峰度夏期间、保电期间可根据需要应适当增加检测次数</td></tr>
<tr><td>接头</td><td>1）投运或大修后 1 个月内；
2）其他 6 个月 1 次；
3）必要时</td></tr>
<tr><td rowspan="2">110（66）kV</td><td>终端</td><td>1）投运或大修后 1 个月内；
2）其他 6 个月 1 次；
3）必要时</td></tr>
<tr><td>接头</td><td>1）投运或大修后 1 个月内；
2）其他 6 个月 1 次；
3）必要时</td></tr>
<tr><td rowspan="2">220kV</td><td>终端</td><td>1）投运或大修后 1 个月内；
2）其他 3 个月 1 次；
3）必要时</td></tr>
<tr><td>接头</td><td>1）投运或大修后 1 个月内；
2）其他 3 个月 1 次；
3）必要时</td></tr>
<tr><td rowspan="2">500kV</td><td>终端</td><td>1）投运或大修后 1 个月内；
2）其他 1 个月 1 次；
3）必要时</td></tr>
<tr><td>接头</td><td>1）投运或大修后 1 个月内；
2）其他 1 个月 1 次；
3）必要时</td></tr>
</table>

（2）Q/GDW 1512—2014《电力电缆及通道运维规程》的相关规定。

新设备投运及A、B类检修后应在1个月内完成检测，在运橡塑绝缘电缆330kV及以上每1个月检测1次、220kV每3个月检测1次、110（66）kV及以下每6个月检测1次。必要时，当电缆线路负荷较重（超过50%）时，应适当缩短检测周期，检测宜在设备负荷高峰状态下进行，一般不低于30%额定负荷。

以拍摄电缆终端为例，每相终端需要拍摄终端套管表面、尾管、避雷器、终端出线杆线夹等至少4处部位。对测温结果进行分析时，需要计算出每个部位的温升、温差、相对温差三个关键要素（对于线夹、尾管计算相对于其他两相相同部位的温差，对于避雷器与终端则可以计算本相表面温差）。然后根据表4-2判断设备是否存在缺陷，设备缺陷判断定义如表4-2所示。

表4-2　　设备缺陷判断定义

术语	定义
环境温度参照体	用来采集环境温度的物体。它不一定具有当时的真实环境温度，但具有与被测设备相似的物理属性，并与被测设备处于相似的环境之中
温升	被测设备表面温度和环境参照表面温度之差
温差	不同被测设备或同一被测设备不同部位之间的温度差
相对温差	两个对应测点之间的温差与其中较热点的温升之比的百分数

对于电流致热型设备缺陷，目前各供电公司参照的诊断判据如表4-3所示，其他规范规定分别如表4-4、表4-5所示，应注意不同标准的判据描述有所差异。

表4-3　　DL/T 664—2016《带电设备红外诊断应用规范》的规定

设备类别和部位	热像特征	故障特征	缺陷性质		
			一般缺陷	严重缺陷	危急缺陷
电气设备与金属部位的连接	以线夹和接头为中心的热像，热点明显	接触不良	温差不超过15K，未达到严重缺陷的要求	热点温度，>80℃或δ≥80%	热点温度，>110℃或δ≥95%
金属部位与金属部位的连接	以线夹和接头为中心的热像，热点明显	接触不良	温差不超过15K，未达到严重缺陷的要求	热点温度，>80℃或δ≥80%	热点温度，>110℃或δ≥95%

对于电压致热型设备缺陷，不同规范规定的诊断判据分别如表4-6～表4-8所示。

由于各标准描述有差别，现场应用时以其中最严格的标准，即DL/T 664—2016《带电设备红外诊断应用规范》为判断标准，当电缆终端套管表面温差超过0.5K时即列为异常状况。

表 4-4　　Q/GDW 1512—2014《电力电缆及通道运维规程》的规定

部件	部位	缺陷描述	判断依据	缺陷分类	对应状态量
电缆终端	设备线夹	发热	温差不超过 15K，未达到重要缺陷要求的	一般	
			热点温度，>90℃或 δ≥80%	严重	
			热点温度，>130℃或 δ≥95%	危急	
	导体连接棒		相对温差超过 6K 但小于 10K	一般	电缆终端与金属部件连接部位红外测温
			相对温差大于 10K	严重	
避雷器	引流线	连接部位发热	相对温差超过 6K	一般	电缆终端与金属部件连接部位红外测温
			相对温差大于 10K	严重	

表 4-5　　Q/GDW 11223—2014《高压电缆线路状态检测技术规范》的规定

部位	测试结果	结果判断	建议策略
金属连接部位	相间温差，<6℃	正常	按正常周期进行
	6℃≤相间温差<10℃	异常	应加强监测，适当缩短监测周期
	相间温差，≥10℃	缺陷	应停电检查

表 4-6　　DL/T 664—2016《带电设备红外诊断应用规范》的规定

设备类别和部位	热像特征	故障特征	温差/K
氧化锌避雷器	正常为整体轻微发热，较热点一般靠近上部且不均匀，多节组合从上到下各节温度递减，引起整体发热或局部发热为异常	阀片受潮或老化	0.5～1
电缆终端	以整个电缆终端为中心的热像	电缆终端受潮、劣化或气隙	0.5～1
	伞裙局部区域过热	内部可能有局部放电	
	根部有整体性过热	内部介质受潮或性能异常	
	以护层接地连接为中心的发热	接地不良	5～10

表 4-7　　《电力电缆及通道运维规程》Q/GDW 1512—2014 中相关标准

部件	部位	缺陷描述	判断依据	缺陷分类	对应状态量
电缆终端	终端套管本体	电缆套管本体测温	本体相间超过 2℃但小于 4℃	一般	电缆套管本体测温
			本体相间相对温差，≥4K	严重	

表 4-8　　Q/GDW 11223—2014《高压电缆线路状态检测技术规范》4 的规定

部位	测试结果	结果判断	建议策略
终端、接头	相间温差，<2℃	正常	按正常周期进行
	2℃≤相间温差<4℃	异常	应加强监测，适当缩短监测周期
	相间温差，≥4℃	缺陷	应停电检查

（1）终端尾管发热（电压致热型发热），现场实拍的电缆终端典型缺陷红外图谱如图 4-1 所示。

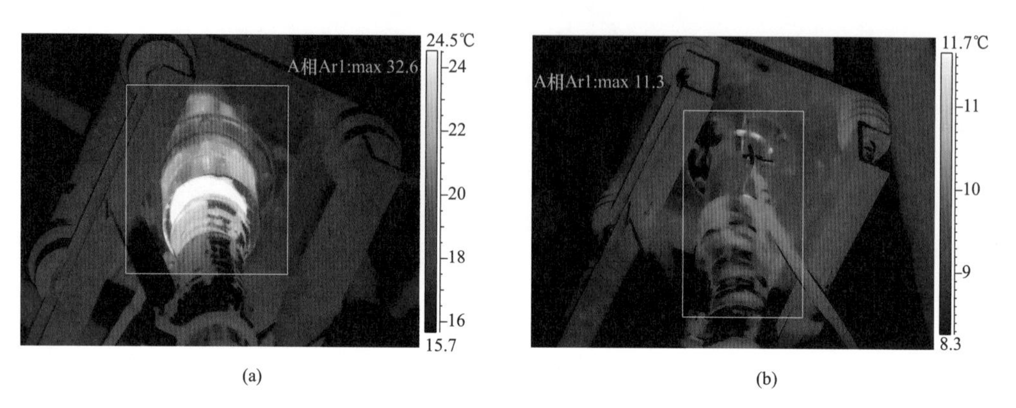

(a)　(b)

图 4-1　终端尾管发热红外图谱

（a）异常相图谱，表面温度 32.6℃；（b）正常相图谱，表面温度 11.3℃

（2）电缆终端套管内油位明显下降，红外测温图谱如图 4-2 所示。

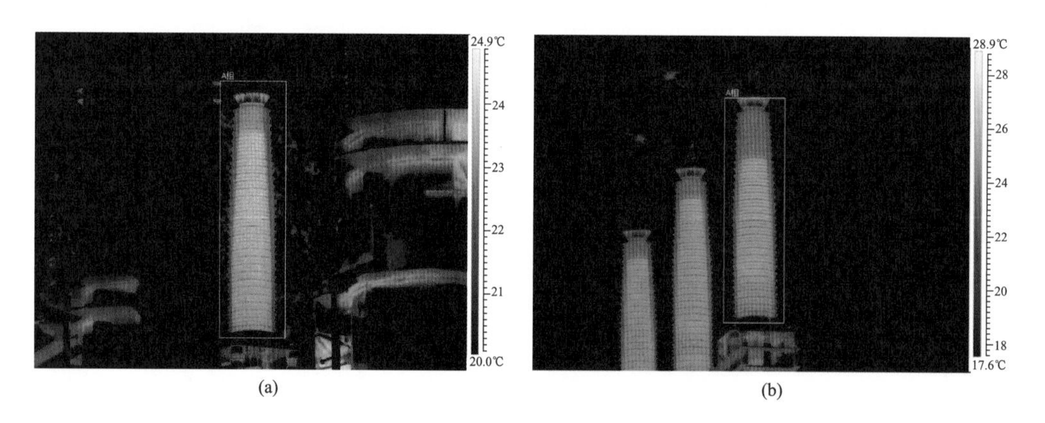

(a)　(b)

图 4-2　电缆终端套管内油位红外测温图谱

（a）绝缘油位缺 3 片绝缘子高度；（b）绝缘油位缺 7 片绝缘子高度

（3）电缆终端应力锥表面发热（电压致热型），红外测温图谱如图 4-3 所示。

（4）接地螺栓发热（电流致热型发热），红外测温图谱如图 4-4 所示。

（5）电缆出线杆桩头发热（电流致热型发热），红外测温图谱如图 4-5 所示。

（6）35kV 电缆终端根部发热（电压致热型），红外测温图谱如图 4-6 所示。

（7）35kV 电缆终端伞裙发热（电压致热型），红外测温图谱如图 4-7 所示。

（二）接地电流检测技术

作为现场发现电缆接地系统缺陷的最有效技术措施，通过电流互感器或钳形电流表

对设备接地回路进行检测，能够发现电缆护层接地系统缺陷状况[6]。该项技术的优点是

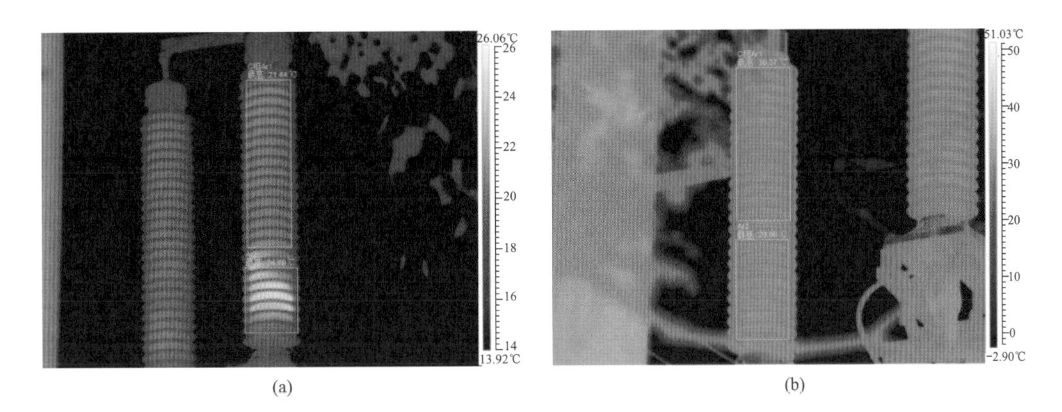

(a)　　(b)

图 4-3　电缆终端应力锥表面发热红外测温图谱

(a) 异常相图谱，表面温差 3.55℃；(b) 正常相图谱

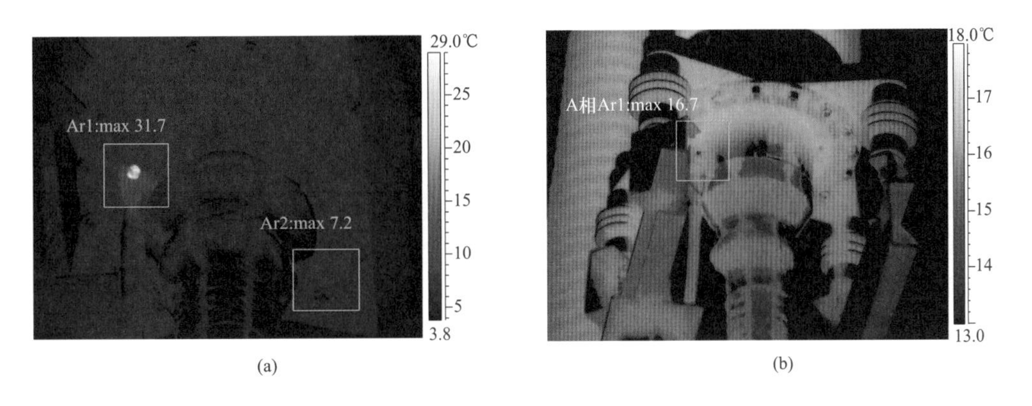

(a)　　(b)

图 4-4　接地螺栓发热红外测温图谱

(a) 异常相图谱，表面温度 31.7℃；(b) 正常相图谱，表面温度 16.7℃

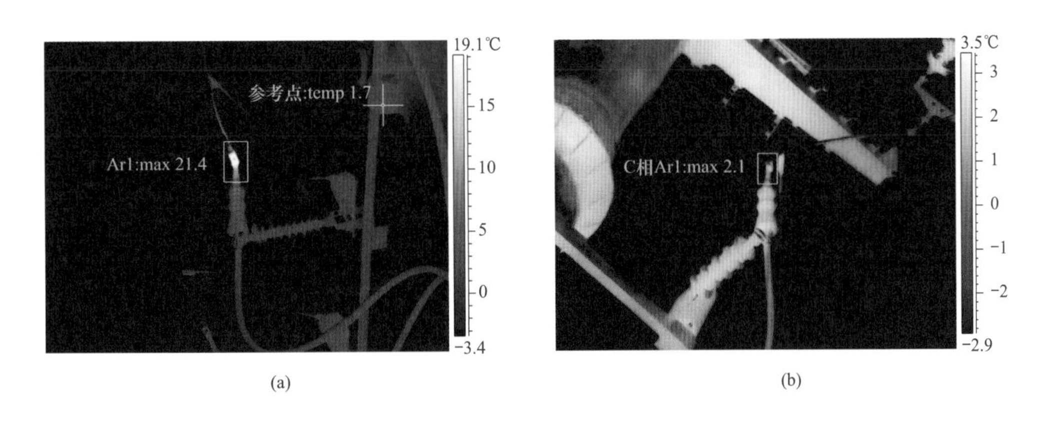

(a)　　(b)

图 4-5　电缆出线杆桩头发热红外测温图谱

(a) 异常相图谱，表面温度 21.4℃；(b) 正常相图谱，表面温度 2.1℃

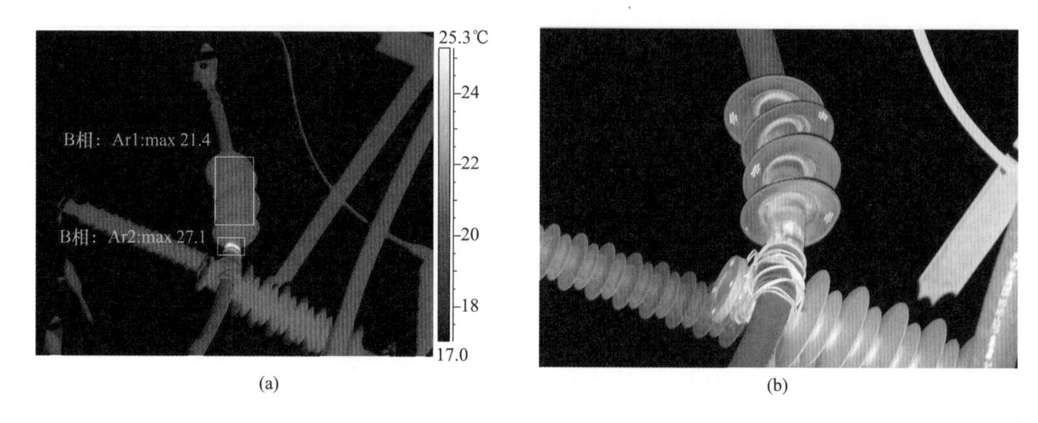

图 4-6　35kV 电缆终端根部发热红外测温图谱

（a）异常相图谱，表面温度 27.4℃；（b）异常相可见光照片

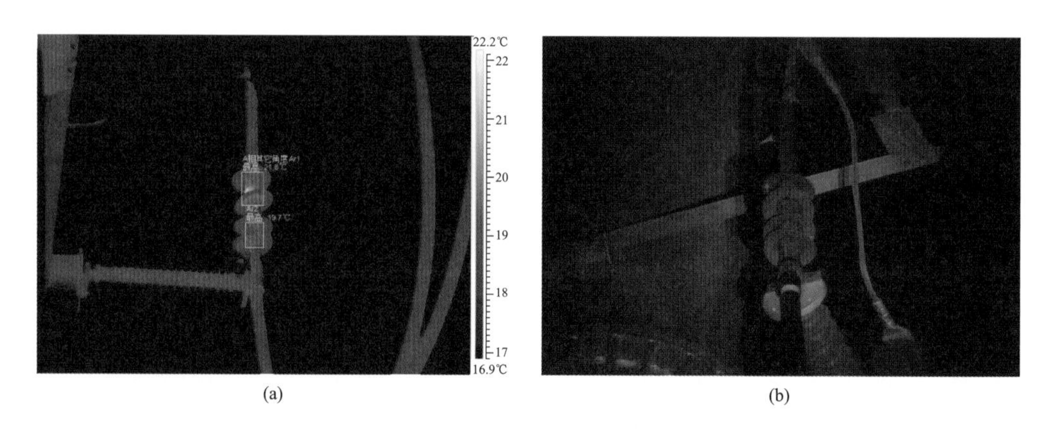

图 4-7　35kV 电缆终端伞裙发热红外测温图谱

（a）异常相图谱，表面温度 21.8℃；（b）异常相可见光照片

开展简便、有效、快捷，缺点是当同通道电缆回路数较多、临近回路线路负荷较大、本回路线路负荷较小时，判据的有效性和灵敏性会降低。

实测时在交叉互联箱、接地箱中分相检测接地电流，检测设备应具备对交流电流进行测量和显示的功能，现场使用较多的是钳形电流表，一般先测量电压确认电压范围安全、电缆金属护层无悬空后，再测电流，测量时需要记录每组测试的时间，以便与线路的实时负荷相对应进行联合分析。在检测周期方面，不同标准的描述有所差异。

Q/GDW 11223—2014《高压电缆线路状态检测技术规范》的规定如表 4-9 所示。

Q/GDW 1512—2014《电力电缆及通道运维规程》的规定为：新设备投运、解体检修后应在 1 个月内完成检测，在运设备 330kV 及以上每 1 个月检测 1 次、220kV 每 3 个月检测1次、110（66）kV及以下每6个月检测1次；在每年大负荷来临之前以及大负荷过后，或者用电高峰前后，应加强对金属护层接地电流的检测。

表4-9　　金属护层接地电流检测的检测周期

<table>
<tr><th>电压等级</th><th>周期</th><th>说明</th></tr>
<tr><td rowspan="3">110（66）kV</td><td>1）投运或大修后1个月内</td><td rowspan="9">1）当电缆线路负荷较重，或迎峰度夏期间应适当缩短检测周期。
2）对运行环境差、设备陈旧及缺陷设备、要增加检测次数。
3）可根据设备的实际运行情况和测试环境作适当的调整。
4）金属护层接地电流在线监测可替代外护层接地电流的带电检测</td></tr>
<tr><td>2）其他3个月1次</td></tr>
<tr><td>3）必要时</td></tr>
<tr><td rowspan="3">220kV</td><td>1）投运或大修后1个月内</td></tr>
<tr><td>2）其他3个月1次</td></tr>
<tr><td>3）必要时</td></tr>
<tr><td rowspan="3">500kV</td><td>1）投运或大修后1个月内</td></tr>
<tr><td>2）其他3个月1次</td></tr>
<tr><td>3）必要时</td></tr>
</table>

现场获取接地电流数据后，结合实时负荷信息，根据以下标准判断电流是否正常：金属护层接地电流绝对值应小于100A，或金属护层接地电流/负荷比值小于20%，或金属护层接地电流相间最大值/最小值比值小于3。

Q/GDW 11223—2014《高压电缆线路状态检测技术规范》中规定的诊断依据如表4-10所示。

表4-10　　高压电缆线路接地电流检测诊断依据

测试结果	结果判断	建议策略
满足下面全部条件： 1）接地电流绝对值，＜50A； 2）接地电流与负荷比值，＜20%； 3）单相接地电流最大值/最小值，＜3	正常	按正常周期进行
满足下面任何一项条件时： 1）50A≤接地电流绝对值≤100A； 2）20%≤接地电流与负荷比值≤50%； 3）3≤单相接地电流最大值/最小值≤5	注意	应加强监测，适当缩短检测周期
满足下面任何一项条件时： 1）接地电流绝对值，＞100A； 2）接地电流与负荷比值，＞50%； 3）单相接地电流最大值/最小值，＞5	缺陷	应停电检查

实际应用时，如果同通道内有多回路单芯电缆，且被测电缆负荷较大、而临近电缆负荷较大时，可能会出现被测电缆三相接地系统不平衡度较大的情况，此时应结合通道断面上电缆排列情况、各电缆回路负荷数值进行实际分析。

（三）接地电阻检测技术

作为现场发现电缆接地系统缺陷的最有效技术措施之一，通过接地电阻测试仪对设备接地回路的电阻值进行检测，能够发现电缆接地系统的接地不良状况。该项技术的优点是开展简便、有效、快捷，缺点是当同通道电缆回路数较多、临近回路线路负荷较大、本回路线路负荷较小时，判据的有效性和灵敏性会降低。

根据 Q/GDW 11262—2014《电力电缆及通道检修规程》中相关规定，接地系统测试基准周期为 3 年。根据 GB 50168—2016《电气装置安装工程电缆线路施工及验收》中相关描述，电缆接地电阻带电检测一般以数值小于 4Ω 为合格。

传统接地电阻测量方法有钳表法和三极法。采用数字式钳形接地电阻仪［简称钳阻仪，如图 4-8（a）所示］测量接地电阻的方法即为钳表法，钳阻仪测量接地电阻的基本原理图如图 4-8（b）所示。

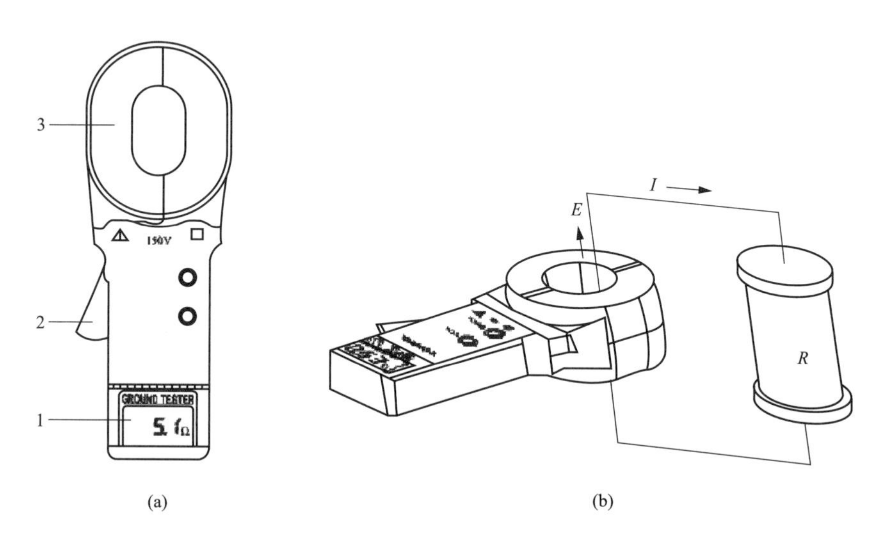

图 4-8　钳表法所采用的仪器和测量原理

（a）钳阻仪；（b）钳阻仪测量接地电阻的基本原理图

1—液晶显示屏；2—扳机；3—钳头

利用钳表法测量接地电阻时，钳阻仪在被测接地回路中感应出电动势 E。在电动势 E 的作用下，被测回路产生电流 I，电动势 E 和电流 I 的频率通常在 110Hz 左右。钳阻仪对 E 及 I 进行测量，并通过式（4-1）即可得到接地电阻值 R。

$$R = \frac{E}{I} \tag{4-1}$$

钳表法的优点使用简便，但有以下几个缺点：

1）无法采用钳表法测量“一端直接接地、一端保护接地”金属护层回路的保护器接地侧电阻。

2）测量护层直接接地电阻时，由于护层电抗值的影响，将使得钳阻仪的示数与实际真实电阻值产生较大的偏差。因此，对于处于运行状态的单芯电缆线路，利用钳表法无法准确测得电缆接地箱内主接地系统的接地电阻。

三极法测量接地电阻的电极布置图和接线图如图 4-9 所示，其中，根据测试端子数的不同，可将接地电阻测试仪分为三端子接地电阻测试仪和四端子接地电阻测试仪，常用的测量仪表如 ZC-8 型接地摇表，该类电阻测试仪通常只显示电阻值而无法测量阻抗值。三极法测量接地电阻的电极布置图如图 4-9 所示。

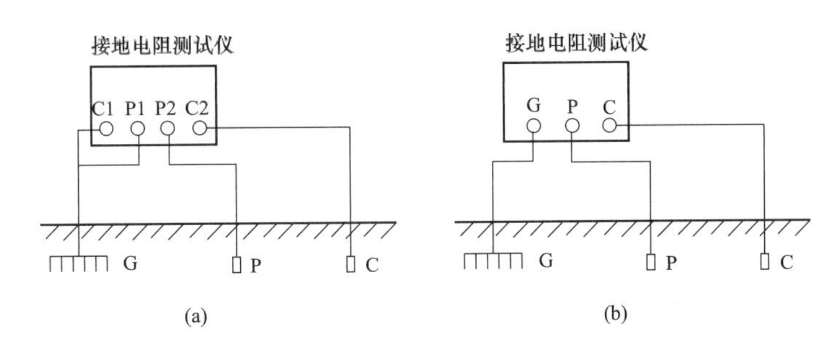

图 4-9　三极法测量接地电阻的电极布置图

（a）四端子接地电阻测试仪接线图；（b）三端子接地电阻测试仪接线图

图 4-9 中，d_{CG}、d_{PG}分别表示电流极引线和电压极引线与待测接地极之间的距离。对于直线法测量接地电阻的情形，$d_{PG}=0.618d_{GC}$；对于夹角法测量接地电阻的情形，$d_{PG}=d_{GC}$，且两根引线的夹角取 30°为宜。不同连线方法下现场测量接线，三极法在不同连线方法下现场测量接线示意图如图 4-10 所示。

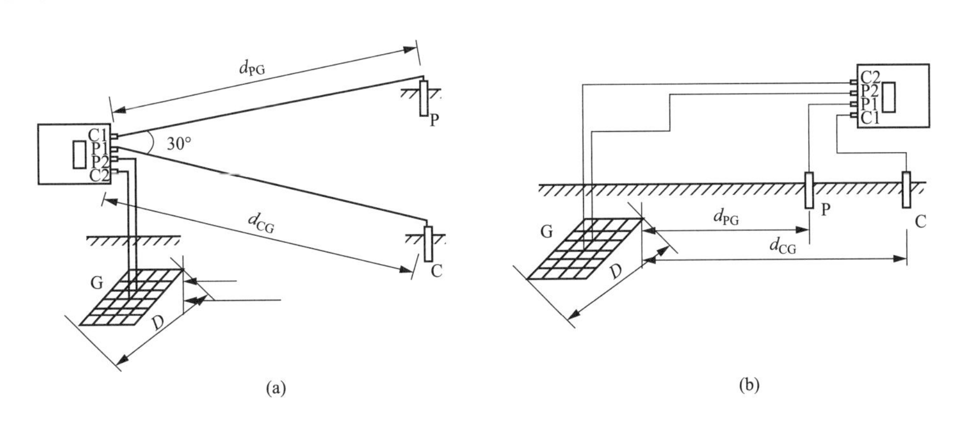

图 4-10　三极法在不同连线方法下现场测量接线示意图

（a）夹角法；（b）平行线法

图 4-10 中 P 是电压测量端，C 是电流测量端，G 是被测接地网，d_{PG}是电压测量端

到被测物体的距离，d_{CG}是电流测量端到被测物体的距离。

对于平行线分布法：d_{PG}约为0.5～0.6倍d_{CG}，d_{PG}为3～5D。平行分步法测量会因电流线和电压线间互感的存在而引入误差。

对于夹角法：d_{PG}为3～5D，d_{PG}的长度与d_{CG}相近。如果土壤电阻率均匀，可采用d_{PG}和d_{CG}相等的等腰三角形布线，此时两根引线夹角约为30°，$d_{PG}=d_{CG}=2D$。现场条件允许时，推荐采用角布置的方式。

采用传统的基于三极法的接地绝缘电阻表表测量电缆接地箱内主接地系统的接地电阻时，由于无法解开电缆护层与电缆主接地系统的连接，且测量仪通常只能显示电阻值而非阻抗值，测量仪的读数与实际电缆护层直接接地电阻值之间存在较大的偏差；对于测量电缆护层保护器接地电阻的情形，测量仪的读数近似等于保护器接地电阻值。

为了克服传统接地电阻测量方法的缺点，提升对运行电缆接地电阻测试的准确率，目前现场应用较多的还有异频接地电阻阻抗测量仪。其原理是在三极法的基础上，改进了注入接地极的电流为特定频率且异于工频的异频电流，使得测量结果不受测量回路中大量工频信号的影响。其测试方法使用方便、结果比较准确，是目前现场应用较多的接地电阻测量方法。

（四）高频局部放电检测技术

电缆局放发生位置多样，可以起源于主绝缘内的气隙、水树枝、导电杂质，也可起源于半导电层与绝缘介质面交界处的凸起毛刺、剥落间隙[7]。局放区域产生的带电粒子、侵蚀性化学物质，碰撞、接触周围绝缘介质，引发绝缘介质碰撞电离、热电离、化学反应，造成放电区域扩大，最终可能导致绝缘介质贯穿性击穿[8]。

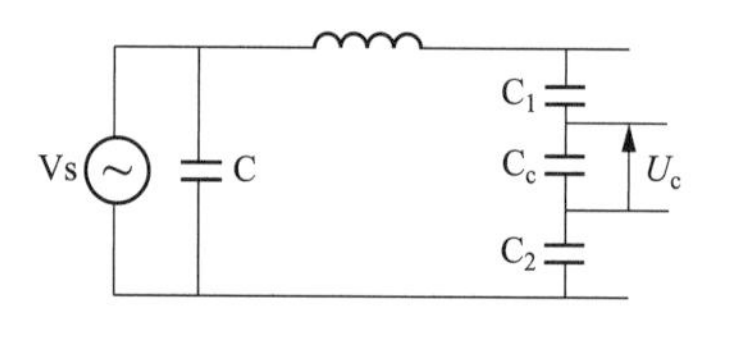

图4-11　绝缘介质内气泡局部放电等效电路图

以电缆主绝缘内气泡放电为例，说明局放的发生过程。绝缘介质内气泡局部放电等效电路图如图4-11所示。

C_c是气泡等效电容，C、C_1、C_2是完好绝缘介质部分的等效电容，Vs是电缆的运行相电压，气泡内平均场强$E_{气泡内}$介质内平均场强$E_{XLPE介质内}$关系近似如公式（4-2）所示。

$$\frac{E_{气泡内}}{E_{XLPE介质内}}=\frac{\varepsilon_{XLPE}}{\varepsilon_{空气}}\approx 2.3,\frac{E_{气泡击穿}}{E_{XLPE击穿}}\ll 1 \tag{4-2}$$

气泡的击穿场强$E_{气泡击穿}$低，但分布电场强度$E_{气泡内}$高，最先被击穿。理想条件下，当气泡承受的总电压幅值大于$U_{击穿}$时，气泡内发生放电，电离产生的异号带电粒子在周围绝缘壁上堆积，产生大小为$\Delta U_{反向}$的反向电压，随着气泡外施电压继续升高再次被击穿。

但是随着实际气泡的形状、位置、内含物成分、外施电场、周围绝缘介质情况的不同，气泡在每一次被击穿时具有不同放电特征。数学上，可用一对振荡的指数函数拟合局放信号在时域上的波形，如式（4-3）所示。

$$U(t)=\sin(2\pi f\cdot t)(\mathrm{e}^{-t/\tau_1}-\mathrm{e}^{-t/\tau_2}) \tag{4-3}$$

注：式中 τ_1、τ_2 是衰减时间常数，取值在 ns 级。

模型数值仿真与实测情况下局放波形，局放信号数学模型与实际波形对比如图 4-12 所示。

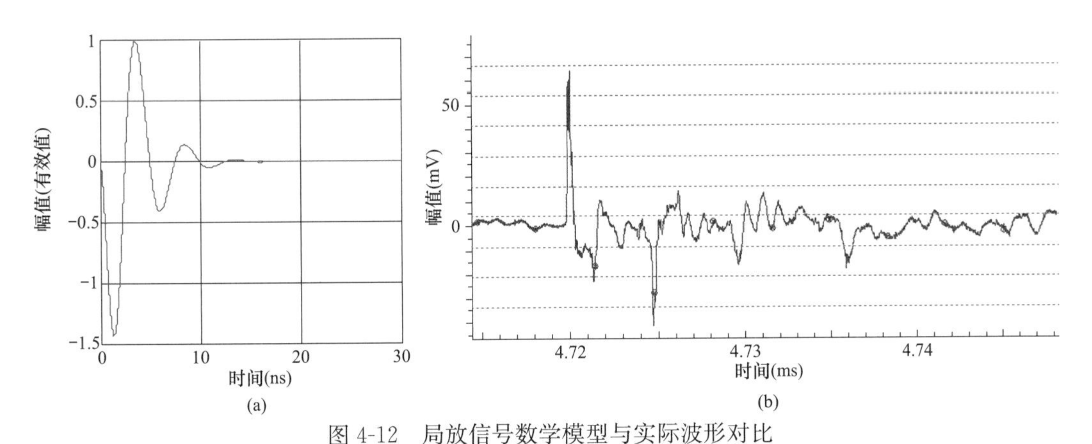

图 4-12　局放信号数学模型与实际波形对比

（a）局放信号时域拟合波形；（b）某次现场实测疑似局放信号波形

作为现场发现电缆绝缘缺陷的最有效技术措施之一，通过高频电流传感器（简称 HFCT）、电容耦合传感器采集局放信号，对频率一般介于 1MHz～300MHz 的局部放电信号进行采集、分析、判断，能够捕捉到电缆绝缘缺陷的劣化迹象。电缆绝缘缺陷解体照片如图 4-13 所示。

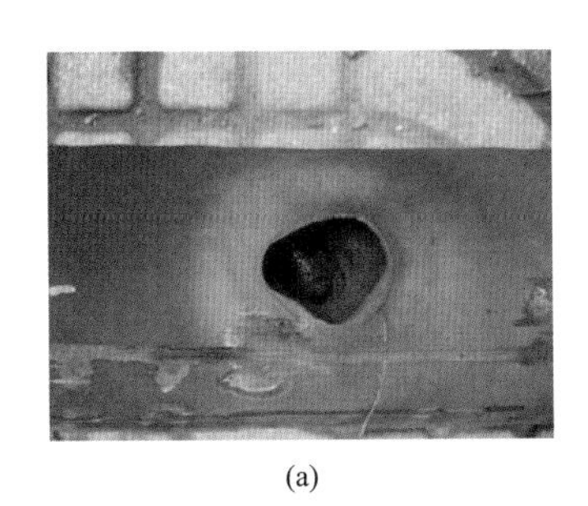
(a)

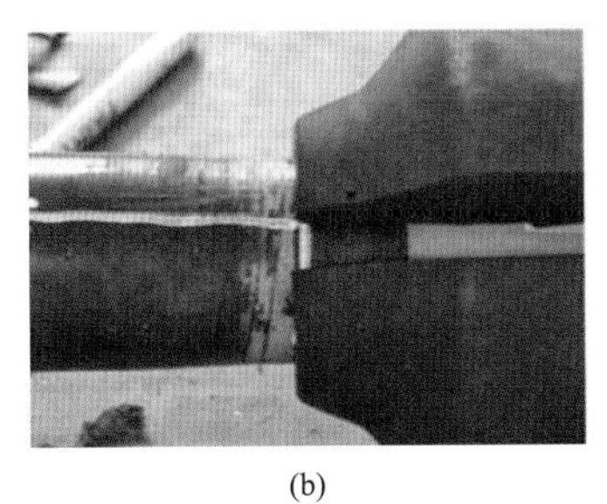
(b)

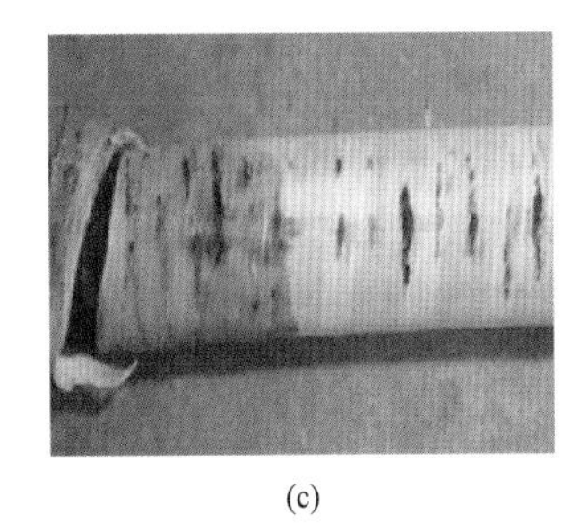
(c)

图 4-13　电缆绝缘缺陷解体照片

（a）本体绝缘击穿；（b）半导电层脱落；（c）半导电层放电

该项技术的优点是几乎唯一可能在绝缘缺陷发展早期就捕捉到隐患技术手段，缺点是实际使用时测试环境干扰复杂、放电图谱特征不典型，严重依赖测试人员的测试经验，常常难以断定缺陷真实状况、测试结论可靠性偏低。

对于高频局放检测的周期，不同标准有所差异：

1）Q/GDW 1512—2014《电力电缆及通道运维规程》规定：新设备投运、解体检修1周内完成检测，在运设备每6年检测1次；异常情况应缩短检测周期，当放电幅值持续恶化或陡增时，应尽快安排停运。

2）Q/GDW 11223—2014《高压电缆线路状态检测技术规范》规定了高压电缆高频局部放电检测的检测周期，如表4-11所示。

表4-11　高频局部放电检测的检测周期

电压等级	周期	说明
110（66）kV	1）投运或大修后1个月内； 2）投运3年内至少每年1次，3年后根据线路的实际情况，每3～5年1次，20年后根据电缆状态评估结果每1～3年1次； 3）必要时	1）当电缆线路负荷较重，或迎峰度夏期间应适当调整检测周期。 2）对运行环境差、设备陈旧及缺陷设备、要增加检测次数。 3）高频局放在线监测可替代高频局放带电检测
220kV	1）投运或大修后1个月内； 2）投运3年内至少每年1次，3年后根据线路的实际情况，每3～5年1次，20年后根据电缆状态评估结果每1～3年1次； 3）必要时	
500kV	1）投运或大修后1个月内； 2）投运3年内至少每年1次，3年后根据线路的实际情况，每3～5年1次，20年后根据电缆状态评估结果每1～3年1次； 3）必要时	

应用高频局放检测技术时，一般是将传感器卡在交叉互联箱的交叉互联铜排、接地箱内的接地线或终端的接地引下线上，也可以卡在电缆中间接头的羊角上。测试前检查测试环境，排除干扰源；选择合适的频率范围，可采用仪器的推荐值；对所有检测部位按照进行高频局放检测，在检测过程中保证高频传感器方向一致；测量数据记录；当检测到异常时，记录异常信号放电图谱、分类图谱以及频谱图，并给出初步分析判断结论。局放信号实测图谱和现场操作情况如图4-14所示。

准确捕捉与识别局放信号，是一个理论技术问题，也是一个现场应用问题。从微观的技术层面，可将局放检测分解为信号采样、信号提取、信号识别、信号定位四个步骤。局放检测技术分解图如图4-15所示。

在得到原始信号的采样数据后，能否进行合适地去噪，准确提出放电信号，是决定局放检测效果的重要先决条件。目前，现场应用上较成熟的局放信号提取原理有两种：①基于FFT（快速傅里叶变换，是离散傅里叶变换的一种计算机算法）的去噪方法；②基于小波变换的去噪方法。

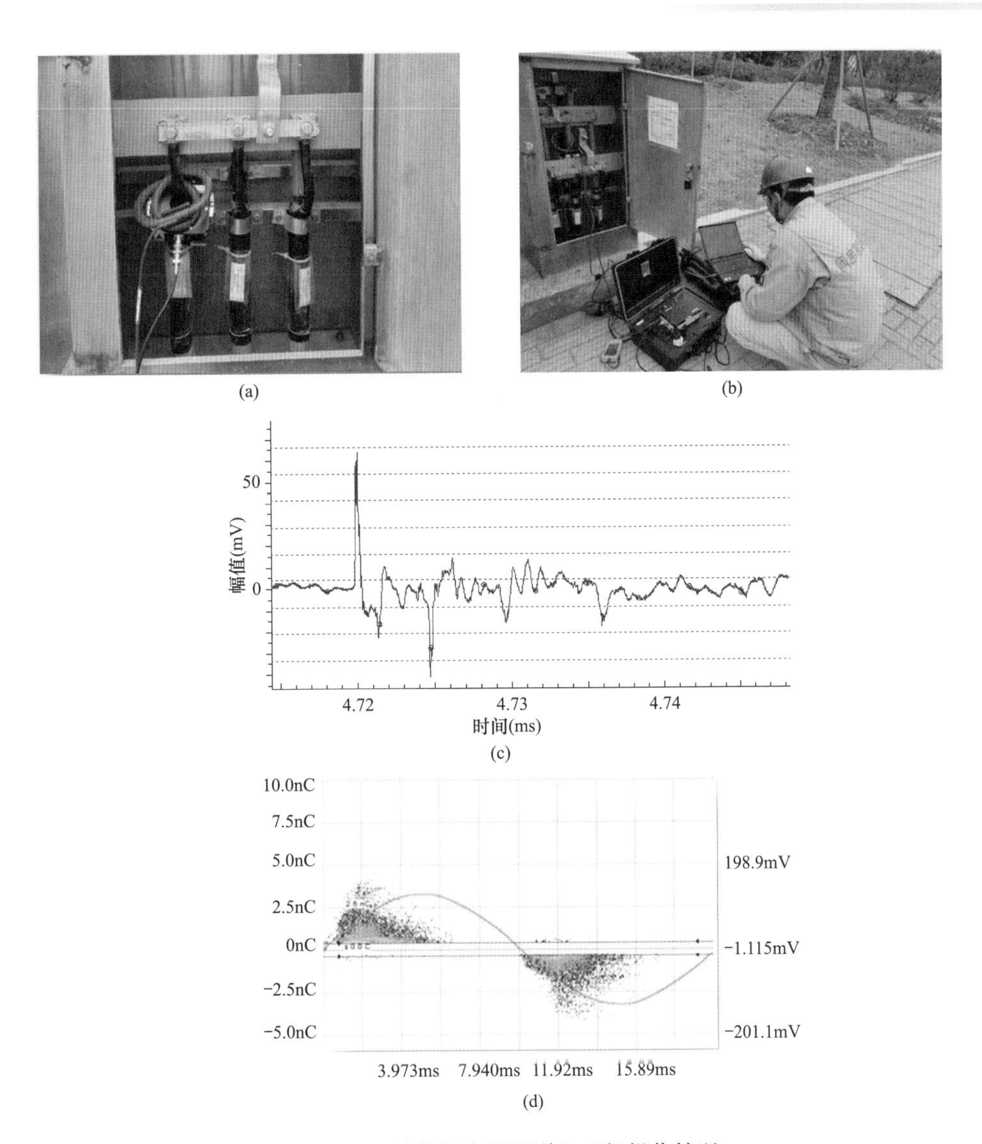

图 4-14 局放信号实测图谱和现场操作情况

(a) 高频电流传感器连接方法；(b) 现场检测照片；(c) 实测局放放电波形；(d) 实测局部放电相位图谱

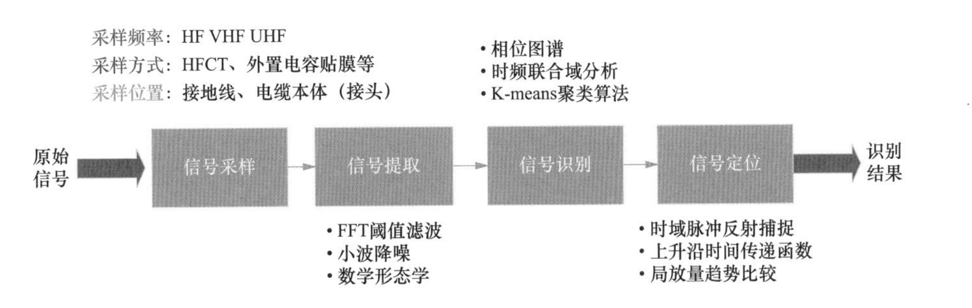

图 4-15 局放检测技术分解图

由于在时域看混杂的波形，在频域可能是分开的，如果干扰频率集中在一定带宽里，就可以通过 FFT 阀值去噪剔除。但是傅里叶变换的正交基为正弦波，适合分析连续变化、周期分布的波形，在分析具有突变性、瞬时性的波形时局限性明显。而小波变换在分析瞬时、突变信号时优势明显，同样适合提取局放波形。局放信号小波去噪原理图如图 4-16 所示。

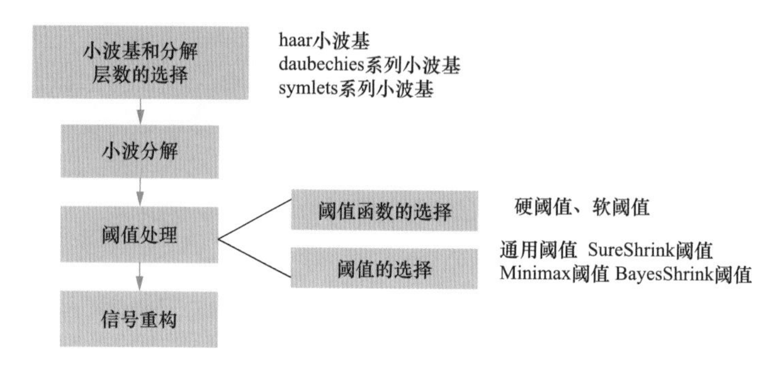

图 4-16 局放信号小波去噪原理图

FFT 滤波或小波降噪提取到的疑似局放信号，包含了电晕放电、绝缘内部放电、半导电层放电、未滤除干扰等成分。为了精准实施电缆状态检修，需要从中识别出严重危害电缆安全运行的绝缘内部放电与半导电层放电。目前现场采用的局放识别技术，按照实施方法可归为自动辨识与人工读谱两大类。

以 K-Means 特征提取算法为例，说明局放自动辨识算法的原理。K-Means 方法，通过记录疑似局放脉冲的发生相位、放电量，将每一个疑似局放信号投影在极坐标上，设定计算的收敛条件，得到最恰当的空间聚合点个数，据此判断疑似局放的性质。由于其算法过程模式化，可以通过计算机编程自动处理。相应算法的原理流程和分析示例分别如图 4-17～图 4-19 所示。

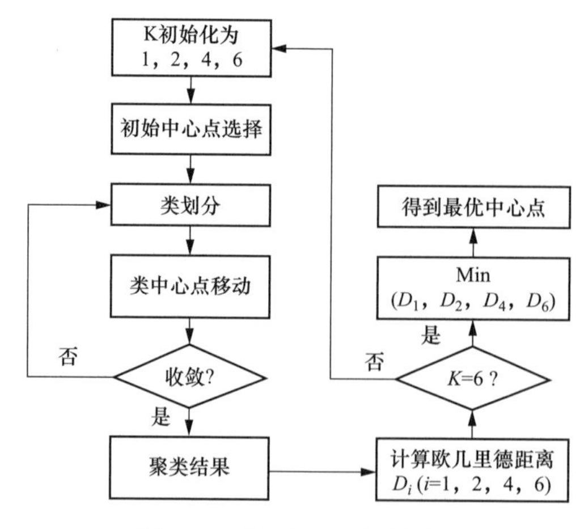

图 4-17 K-Means 算法原理

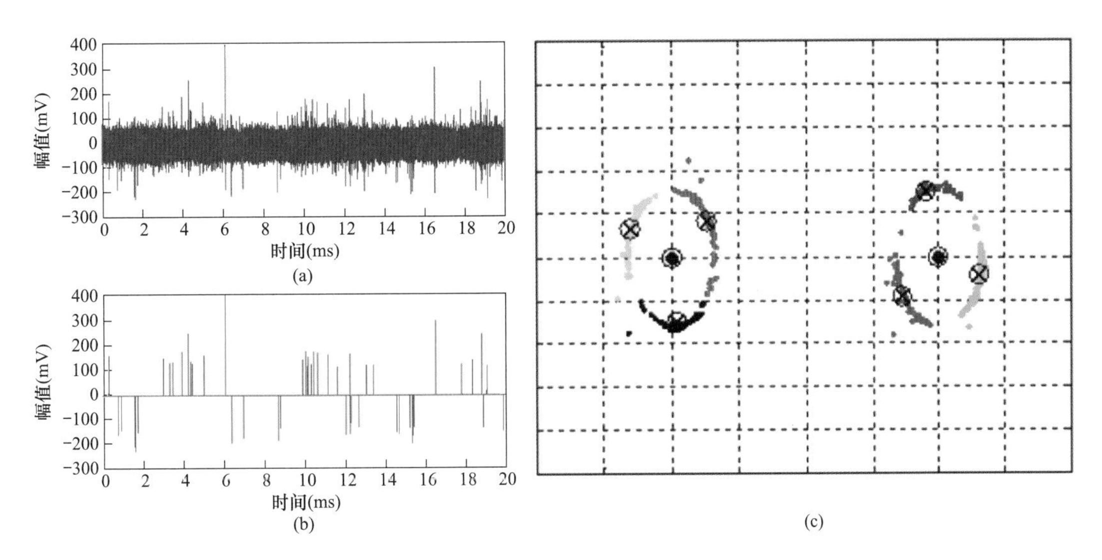

图 4-18　电缆内部局放信号聚类结果（受三相电压联合作用时，⊗为最终聚合点）

（a）采样信号；（b）疑似局放信号；（c）极坐标下聚类结果

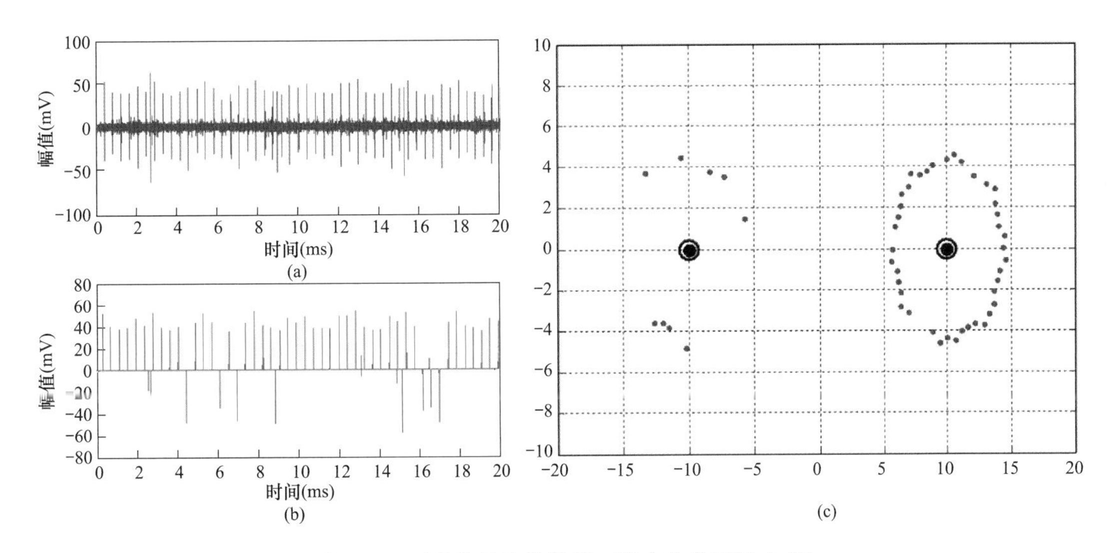

图 4-19　干扰信号聚类结果（没有收敛到聚合点）

（a）采样信号；（b）疑似局放信号；（c）极坐标下聚类结果

从图 4-19 可看出，局放信号分布在设定收敛条件下，没有体现出相位分布特征，判定为干扰信号。由此，通过计算机自动聚类判别，代替了人眼的经验性观察。

人工读谱方法以 PRPD 图为基础，联合放电信号中心频率选择、放电波形时频联合分析等技巧，辨识所关注的局放信号，现场开展流程如图 4-20 所示。

在某个测试点测试到异常信号时，首先根据局放判断要求对检测到的异常信号进行判断，如根据相位图谱特征判断测量信号是否具备与电源信号相关性，诊断依据如表 4-12

所示。如为疑似局放信号，继续如下步骤：

1）根据异常信号的特征尤其是信号频率分布情况判断信号源位置是在测试点附近还是远离测试点。

2）对发现异常的测试点（接头）两边相邻的电缆附件进行测试，通过 3 个测试点的检测信号比较分析，如信号幅值、上升沿时间、频率分布等，判断信号源的位置来自哪一侧方向。

3）对逐个中间接头测试，找到离局放源位置最近的电缆附件，然后通过分析该电缆附件检测到的波形特征、频率分布、反射波时间等信息初步综合判断出局放源的位置。

以上方法为初测，确定的是局放源的大概位置，如需精确定位，可选择在信号源两边的电缆附件辐射光纤定位或采用综合超声波局放仪等其他定位方式。

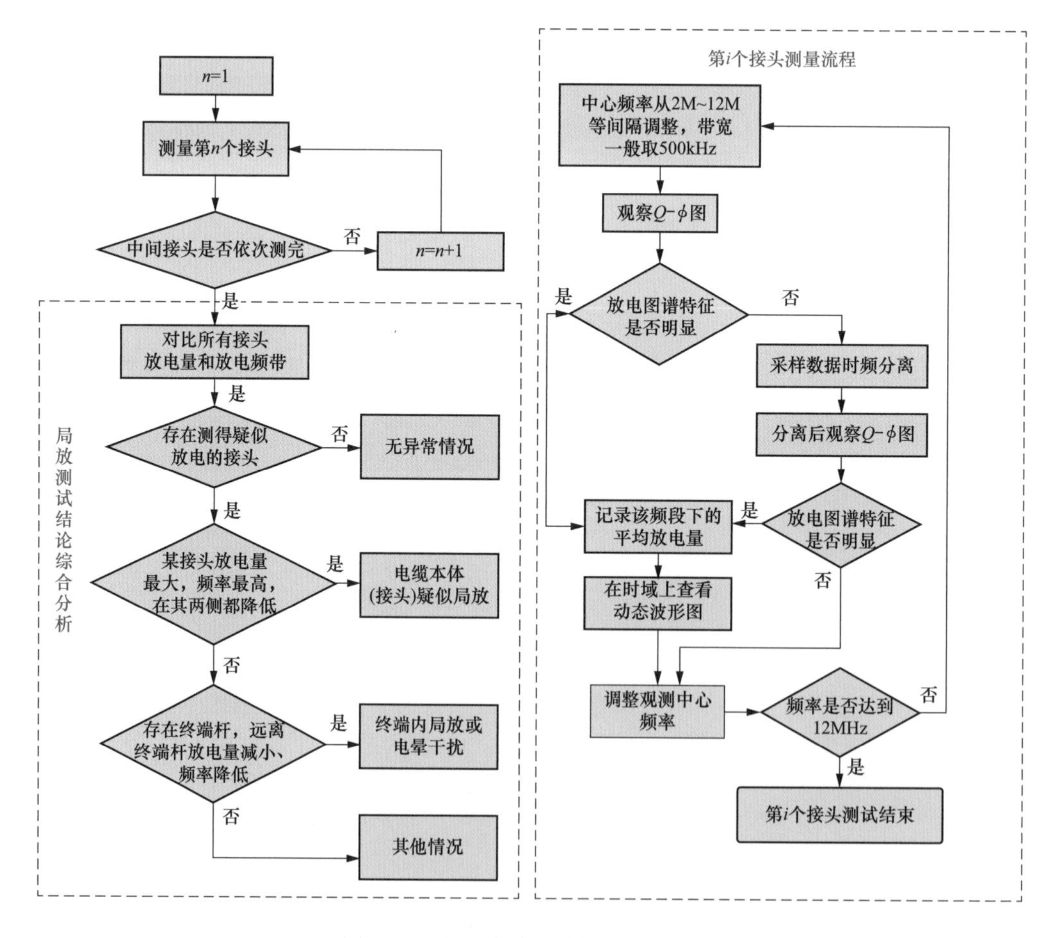

图 4-20 人工读谱法局放辨识流程图

表 4-12 高频局放的诊断依据

状态	测试结果	图谱特征	建议策略
正常	无典型放电图谱	无放电特征	按正常周期进行
注意	具有具备放电特征且放电幅值较小	有可疑放电特征，放电相位图谱180°分布特征不明显，幅值正负模糊	缩短检测周期
缺陷	具有具备放电特征且放电幅值较大	有可疑放电特征，放电相位图谱180°分布特征明显，幅值正负明显	密切监视，观察其发展情况，必要时停电处理

二、电缆本体及附件外观检查

对电缆本体及附件外观进行检查，是发现电缆缺陷隐患的重要措施，巡视检查分为定期巡视、故障巡视、特殊巡视三类。定期巡视包括对电缆及通道的检查，可以按全线或区段进行。巡视周期相对固定，并可动态调整。电缆和通道的巡视可按不同的周期分别进行。

故障巡视应在电缆发生故障后立即进行，巡视范围为发生故障的区段或全线。对引发事故的证物证件应妥为保管设法取回，并对事故现场应进行记录、拍摄，以便为事故分析提供证据和参考。除重点巡查各类施工外力破坏迹象及电缆附件是否故障外，还应同时对电缆接地系统进行重点检查，特别是金属护层采用“一端直接接地、一端保护接地”电缆段中保护接地箱护层保护器状况，还应对给同一用户供电的其他电缆开展巡视工作以保证用户供电安全，某次现场故障保护器击穿实例如图 4-21 所示。

图 4-21 电缆故障时保护器被击穿状况

特殊巡视应在气候剧烈变化、自然灾害、外力影响、异常运行和对电网安全稳定运行有特殊要求时进行，巡视的范围视情况可分为全线、特定区域和个别组件。对电缆及通道周边的施工行为应加强巡视，已开挖暴露的电缆线路，应缩短巡视周期，必要时安装移动视频监控装置进行实时监控或安排人员看护。

电缆巡视应沿电缆逐个接头、终端建档进行并实行立体式巡视，不得出现漏点（段）。电缆巡视检查的要求及内容按照表 4-13 执行，并按照规定的缺陷分类及判断依据上报缺陷。

表 4-13 电缆巡视检查要求及内容

巡视对象	部件	要求及内容
电缆本体	本体	a）是否变形； b）表面温度是否正常
	外护套	是否存在破损情况和龟裂现象
附件	电缆终端	a）套管外绝缘是否出现破损、裂纹，是否有明显放电痕迹、异味及异常响声；套管密封是否存在漏油现象；瓷套表面不应严重结垢。 b）套管外绝缘爬距是否满足要求。 c）电缆终端、设备线夹、与导线连接部位是否出现发热或温度异常现象。 d）固定件是否出现松动、锈蚀、支撑绝缘子外套开裂、底座倾斜等现象。 e）电缆终端及附近是否有不满足安全距离的异物。 f）支撑绝缘子是否存在破损情况和龟裂现象。 g）法兰盘尾管是否存在渗油现象。 h）电缆终端是否有倾斜现象，引流线不应过紧。 i）有补油装置的交联电缆终端应检查油位是否在规定的范围之间，检查 GIS 筒内有无放电声响，必要时测量局部放电
	电缆接头	a）是否浸水。 b）外部是否有明显损伤及变形，环氧外壳密封是否存在内部密封胶向外渗漏现象。 c）底座支架是否存在锈蚀和损坏情况，支架应稳固是否存在偏移情况。 d）是否有防火阻燃措施。 e）是否有铠装或其他防外力破坏的措施
	避雷器	a）避雷器是否存在连接松动、破损、连接引线断股、脱落、螺栓缺失等现象。 b）避雷器动作指示器是否存在图文不清、进水和表面破损、误指示等现象。 c）避雷器均压环是否存在缺失、脱落、移位现象。 d）避雷器底座金属表面是否出现锈蚀或油漆脱落现象。 e）避雷器是否有倾斜现象，引流线是否过紧。 f）避雷器连接部位是否出现发热或温度异常现象
	接地装置	a）接地箱箱体（含门、锁）是否缺失、损坏，基础是否牢固可靠。 b）交叉互联换位是否正确，母排与接地箱外壳是否绝缘。 c）主接地引线是否接地良好，焊接部位是否做防腐处理。 d）接地类设备与接地箱接地母排及接地网是否连接可靠，是否松动、断开。 e）同轴电缆、接地单芯引线或回流线是否缺失、受损
附属设施	在线监测系统	a）在线监测硬件装置是否完好。 b）在线监测装置数据传输是否正常。 c）在线监测系统运行是否正常

三、电缆本体及附件停电检查

电缆本体及附件停电检查，主要在电缆例行试验中进行，目的是为获得电缆线路状态量而定期进行的各种停电试验。电缆线路例行试验包括主绝缘及外护套绝缘电阻测试、主绝缘交流耐压试验、接地电阻测试和交叉互联系统试验。主绝缘耐压试验以外的例行试验均在主绝缘耐压试验时电力电缆线路停电时开展。

（一）主绝缘及外护套绝缘电阻测量

电缆主绝缘电阻测量应采用 2500V 及以上电压的绝缘电阻表。耐压试验前后，绝缘电阻应无明显变化。外护套绝缘电阻测量宜采用1000V绝缘电阻表。耐压试验前后，电缆外护套绝缘电阻不低于0.5MΩ·km。主绝缘及外护套绝缘电阻测量应在主绝缘交流耐压试验前后进行，测量值与初值应无明显变化。

（二）主绝缘交流耐压试验

采用频率为20Hz～300Hz的交流电压对电缆线路进行耐压试验。交流耐压试验周期、试验电压及耐受时间如表4-14所示。

表4-14　交流耐压试验周期、试验电压及耐受时间

额定电压（kV）	试验周期	试验电压	时间（min）
10kV	必要时	$2U_0$	5
35kV		$1.6U_0$	
110（60）	新投运3年内开展一年，以后根据状态结果时进行	$1.6U_0$	
127/220及以上		$1.36U_0$	

（三）接地电阻测试

按照DL/T 475—2017《接地装置特性参数测量导则》规定的接地电阻测试仪法对电缆线路接地装置接地电阻进行测试。电缆线路接地电阻测试结果应不大于10Ω。

（四）交叉互联系统试验

根据DL/T 596—1996《电力设备预防性试验规程》规定，交叉互联系统对地绝缘的直流耐压试验应在每段电缆金属屏蔽（金属套）与地之间施加直流电压5kV，加压时间1min，交叉互联系统对地绝缘部分不应击穿。

对非线性电阻型护层电压限制器进行检测：对于氧化锌电阻片，对电阻片施加直流参考电流后测量其压降，即直流参考电压，其值应在产品标准规定的范围之内；对于非线性电阻片及其引线的对地绝缘电阻，将非线性电阻片的全部引线并联在一起与接地的外壳绝缘后，用1000V绝缘电阻表测量引线与外壳之间的绝缘电阻，其值不应小于10MΩ。

第二节　电力电缆缺陷处理

电力电缆在运行中长期受到外界环境的物理、化学方面的影响，加之在生产、运输、安装过程中由于工艺不足或施工方法不当，导致运行中的电力电缆存在缺陷。根据缺陷发生的部位主要将缺陷分为电缆本体缺陷、电缆附件缺陷、附属设备缺陷等。

一、电缆缺陷的主要表现形式

（一）电缆本体缺陷

电缆在生产、安装、运行过程中，可能产生缺陷的原因有：①生产电缆时绝缘受潮或存在杂质、气泡，导致电缆绝缘性能下降；②在安装时施工工艺不足，电缆护层受到损伤；③电缆因电动力、热胀冷缩等原因发生蠕动时与周围支架、墙壁等摩擦导致外护套损伤；④电场作用下电缆破损外护套发生电化学腐蚀，缺陷进一步发展；⑤电缆绝缘因受潮或本身杂质产生水树枝、电树枝，绝缘性能急剧下降；⑥在长期运行中电缆长期受到电、热、光、压力等因素影响，导致绝缘性能下降、介质损耗上升，绝缘发生老化。

电缆本体常见的缺陷、判断依据以及缺陷分类如表 4-15 所示。

表 4-15　　电缆本体缺陷判断依据及缺陷分类

缺陷描述	判断依据	缺陷分类
本体变形	本体（护套、铠装等）轻微变形；或电缆本体遭受外力弯曲半径，$>20D$，出现明显变形	一般
	本体（护套、铠装等严重变形，可能伤及主绝缘：电缆本体遭受外力弯曲半径，$\leqslant 20D$，出现异常变形	严重
外护套破损	外护套局部破损未见金属护套、短于 5cm 的破损	一般
	外护套局部或大面积破损可见金属外护套、长于 5cm 的破损	严重
外护套龟裂	局部完全龟裂（不长于 5m）或多处表面细微龟裂	一般
	局部大面积龟裂（5m 以上）或多处存在外护套龟裂情况	严重
主绝缘绝缘电阻不合格	在排除测量仪器和天气因素后，主绝缘电阻值与上次测量相比明显下降；各相之间主绝缘电阻值不平衡系数大于 2	严重
橡塑电缆主绝缘耐压试验不合格	220kV 及以上电压等级：电压为 $1.36U_0$，时间为 5min；110（66kV）电压等级 $1.6U_0$，时间为 5min。66kV 以下电压等级 $2U_0$，时间为 5min	危急
护套及内衬层绝缘电阻测试不合格	绝缘电阻与电缝长度乘积小于 0.5MΩ·km，110kV 以上电压等级电缆外护套绝缘电阻明显下降	一般
橡塑电缆护套耐受能力	每段电缆金属屏蔽或过电压保护层与地之间施加 6kV 直流电压，60s 内击穿	严重
充油电缆渗油	电缆本体出现渗油现象	一般
充油电缆外护套和接头套耐受能力	每段电缆金属屏蔽或过电压保护层与地之间施加 6kV 直流电压，60s 内击穿	严重
自容充油电缆油耐压试验不合格	电缆油击穿电压小于 50kV	危急
自容充油电缆介质损耗因数试验不合格	在油温 100±1℃和场强 1MV/m 条件下，介质损耗因数大于等于 0.005	严重

（二）电缆附件缺陷

电缆附件实现电缆的终端连接和中间连接功能，包括电缆终端和中间接头。由于电缆在进行接续、连接时需要对电缆进行开断，电场将产生较大变化，需要对护层、半导电屏蔽、绝缘等进行处理后再进行连接。附件的这一特性也导致了中间接头和电缆终端产生缺陷的几率远大于电缆本体。导致电缆附件产生缺陷的主要原因有：①附件生产过程中，车间环境达不到标准、生产材料中杂质含量高、生产工艺不完全等会导致附件中存在气泡或杂质；②附件外部形状规则，导致附件外部电场分布不均匀，增大绝缘击穿的概率；③电缆本体与附件安装后存在气隙，降低绝缘性能；④附件安装时人员操作不规范，导致绝缘表面不光滑、不清洁、留有伤痕或绝缘受潮，导致附件内部电场不均匀或绝缘受损；⑤附件的部分绝缘材料受运行环境的影响自然老化，导致附件整体绝缘性能下降；⑥附件设计或工艺有缺陷。

电缆附件常见的缺陷、判断依据以及缺陷分类如表 4-16 所示。

表 4-16　电缆附件缺陷判断依据及缺陷分类

部件	部位	缺陷描述	判断依据	缺陷分类
电缆终端	设备线夹	发热	温差不超过 15K，未达到重要缺陷要求的	一般
			热点温度，>90℃或 $\delta \geq 80\%$	严重
			热点温度，>130℃或 $\delta \geq 95\%$	危急
	终端套管	外绝缘破损、放电	存有破损、裂纹	严重
			存在明显放电痕迹，异味和异常响声	危急
		套管不密封	存在渗油现象	严重
			存在严重渗油或漏油现象，终端尾管下方存在大片油迹	危急
		表面灼伤	表面轻微积污，无放电、电弧灼伤痕迹	一般
			表面局部有灼伤黑痕，但无明显放电通道	严重
			表面有明显的放电通道或边缘有电弧灼伤的痕迹	危急
		电缆套管本体测温	本体相间超过 2℃但小于 4℃	一般
			本体相间相对温差，≥4K	严重
		附近异物	电缆终端头有抛挂物（如气球、风筝、彩钢瓦、稻草、绳、带等），不满足安全距离	危急
	法兰盘尾管	渗漏油	终端尾管上电缆周围有轻微油迹，电缆本体上无油迹，或电缆本体上有少量油迹（长度不超过 0.5m），长时间运行无变化	一般
			终端尾管及电缆本体上有油迹，电缆下方有轻微积油，或虽无积油，但随着运行时间增长，油迹增长明显	严重
			短时间内大量漏油，或电缆本体及点啦下方积油较多	危急

续表

部件	部位	缺陷描述	判断依据	缺陷分类
电缆接头	主体	浸水	浸水	一般
		铜外壳外观	存在变形现象，但不影响正常运行	一般
		变形	外部有明显损伤及严重变形	危急
		环氧外壳密封	存在内部密封胶向外渗漏现象	一般
	接头底座（支架）	底座支架锈蚀	存在锈蚀和损坏情况	一般
		支架稳固性	存在严重偏移情况	严重
	接头耐压试验	耐压试验不合格	220kV 及以上电压等级：电压为 1.36U_0，时间为 5min；110（66kV）电压等级 1.6U_0，时间为 5min。66kV 以下电压等级 2U_0，时间为 5min	危急
	防火阻燃措施	无防火阻燃措施	接头无防火阻燃措施	严重

（三）附属设备缺陷

电缆的附属设备主要包括避雷器、接地装置、供油装置、在线监测装置等，其中接地装置的缺陷多于其他部件。高压电力电缆的线芯和金属护层可分别等效看作变压器的一次绕组和二次绕组，线芯中通过交变电流时，将在金属护层感应出与线芯电流成正比的交流电流。而由于涡流效应，金属护层上将感应出电压，电压大小与线芯电流、电缆长度以及电缆敷设方式等因素有关。若电缆护层损坏导致多点接地，则金属护层与接地系统间将产生多个电流回路，导致护层发热、加速绝缘老化，严重时电缆绝缘发生击穿故障。为防止上述情况发生，对于长距离的电力电缆，采用了交叉互联的方式将电缆护层分段，并在不同相别间进行连接，以使金属护层上感应电压维持较小安全运行水平。另外，若电缆失去接地，则将在电缆护层上产生很高的悬浮电压，危及运行维护人员安全以及设备安全运行。

在实际运行中，接地系统产生缺陷的主要原因有：①接地电缆被盗；②接地箱被撞击、磕碰等导致损坏；③接地电阻过大；④交叉互联接地箱密封不够，接地箱渗漏水；⑤交叉互联系统接线方式错误；⑥护层保护器绝缘性能下降甚至击穿。

电缆附属设备常见的缺陷、判断依据以及缺陷分类如表 4-17 所示。

表 4-17　附属设备常见缺陷判断依据及缺陷分类

部件	部位	缺陷描述	判断依据	缺陷分类
避雷器	本体	外观破损、连接线断股、引线被盗或断线	存在连接松动、破损	一般
			连接引线断股、脱落、螺栓缺失；引线被盗或断线	严重
		动作指示器破损、误指示等	存在图文不清、进水和表面破损	一般
			误指示	严重

续表

部件	部位	缺陷描述	判断依据	缺陷分类
避雷器	本体	均压环	外观有严重锈蚀、存在脱落、移位现象等	一般
			存在缺失	严重
		电气性能不满足	直流耐压不合格、泄漏电流超标或三相监测严重不平衡	危急
		绝缘电阻不合格	根据 Q/GDW 454—2010《金属氧化物避雷器状态评价导则》附录 A：测量值不小于 100MΩ 的要求进行判别	严重
	引流线	过紧	可能导致倾斜、影响运行	严重
		连接部位发热	相对温差超过 6K 但小于 10K	一般
		连接部位发热	相对温差大于 10K	严重
接地装置	接地箱	基础损坏	素混凝土结构：局部点包封砼层厚度不符合设计要求的；钢筋混凝土结构：局部点包封混凝土层厚度不符合设计要求但未见钢筋层结构裸露的	一般
			素混凝土结构：局部点无包封混凝土层可见接地电缆的；钢筋混凝土结构：包封混凝土层破损仅造成有钢筋层结构裸露见接地电缆的	严重
		接地箱外观	存在箱体损坏、保护罩损坏、基础损坏情况	一般
		箱体损坏	箱体（含门、锁）部分损坏	一般
			箱体（含门、锁）多处或整体损坏	严重
		箱体损失	箱体损失	严重
		护层保护器损坏	存在护层保护器损坏情况	严重
		交叉互联换位错误	存在交叉互联换位错误现象	严重
		母排与接地箱外壳不绝缘	存在母排与接地箱外壳不绝缘现象	严重
		接地箱接地不良	连接存在连接不良（大于 1Ω 但小于 2Ω）情况	一般
			连接存在连接不良（大于 2Ω）情况	严重
		交叉互联系统直流耐压试验不合格	电缆外护套、绝缘接头外护套、绝缘夹板对地施加 5kV，加压时间为 60s	危急
		过电压保护器及其引线对地绳缘不合格	1000V 条件下，应大于 10MΩ	严重
		交叉互联系统闸刀（或连接片）接触电阻测试	要求不大于 20μΩ 或满足设备技术文件要求	严重
	接地类设备	主接地不良	存在接地不良（大于 1Ω）情况	严重
		焊接部位未做防腐处理	焊接部位未做防腐处理	一般
			锈蚀严重，低于导体截面的 80%	严重
		与接地箱接地母排连接松动	与接地箱接地母排连接松动	一般
		与接地网连接松动断开	与接地网连接松动	一般
			与接地网连接断开	严重
		接地扁铁缺失	接地扁铁缺失	严重
		护套接地连通存在连接不良	接地连通存在连接不良（大于 1Ω）情况	一般

续表

部件	部位	缺陷描述	判断依据	缺陷分类
接地装置	同轴电缆	与电缆金属护套连接错误	与电缆金属护套连接错误（内、外芯接反）	严重
		同轴电缆受损	存在同轴电缆外护套破损现象，受损股数占全部股数<20%	一般
			受损股数占全部股数，≥20%	严重
		同轴电缆缺失	同轴电缆缺失	严重
	接地单芯引缆	单芯引缆受损	存在单芯引缆外护套破损现象，受损股数占全部股数，<20%	一般
			受损股数占全部股数，≥20%	严重
		单芯引缆缺失	单芯引缆缺失	严重
在线监测装置	光纤测温系统	测温光缆损坏缺失	测温光缆损坏	一般
			测温光缆缺失	严重
		测温系统故障	测温系统软、硬件故障	一般
	在线局放监测系统	在线局放监测系统故障	在线局放监测系统软、硬件故障	一般
	金属护层接地电流在线监测系统	金属护层接地电流在线监测系统故障	金属护层接地电流在线监测系统软、硬件故障	一般

二、电缆缺陷的分级处理原则

运行单位应制定缺陷管理流程，对缺陷的上报、定性、处理和验收等环节实行闭环管理。对巡视检查、状态检测和状态检修试验中发现的电缆线路缺陷应及时进行处理。

运行部门应根据对运行安全的影响程度和处理方式对进行分类并在系统中记录。电缆线路缺陷分为一般缺陷、严重缺陷、危急缺陷三类。一般缺陷指设备本身及周围环境出现不正常情况，一般不威胁设备的安全运行。严重缺陷是指设备处于异常状态，可能发展为事故，但设备仍可在一定时间内继续运行，须加强监视并进行大修处理的缺陷。危急缺陷是指严重威胁设备的安全运行，若不及时处理，随时有可能导致事故的发生，必须尽快消除或采取必要的安全技术措施进行处理的缺陷。

根据 Q/GDW 1512—2014《电力电缆及通道运维规程》规定，危急缺陷消除时间不得超过 24 小时，严重缺陷应在 30 天内消除，一般缺陷可结合检修计划尽早消除，但必须处于可控状态。电缆线路带缺陷运行期间，运行单位应加强监视，必要时制定应急措施。运行单位应定期开展缺陷统计分析工作，及时掌握缺陷消除情况和缺陷产生的原因，采取有针对性的措施。

三、电缆缺陷的分级处理策略

发现缺陷后应对不同类型缺陷在规定期限内处理。同一设备存在多种缺陷，也应尽量安排在一次检修中处理，必要时，可调整检修类别。按工作内容及工作涉及范围，将电缆本体及附件检修工作分为四类：A类检修、B类检修、C类检修、D类检修。其中A、B、C类是停电检修，D类是不停电检修。

A类检修指电缆及通道的整体解体性检查、维修、更换和试验。B类检修指电缆及通道局部性的检修，部件的解体检查、维修、更换和试验。C类检修指电缆及通道常规性检查、维护和试验。D类检修指电缆及通道在不停电状态下进行的带电测试、外观检查和维修。A、B、C、D类检修的检修项目见表4-18。

表4-18　电缆本体及附件的检修分类和检修项目

检修分类	检修项目
A类检修	A.1 电缆整条更换 A.2 电缆附件整批更换
B类检修	B.1 主要部件更换及加装 B.1.1 电缆少量更换 B.1.2 电缆附件部分更换 B.2 主要部件处理 B.2.1 更换或修复电缆线路附属设备 B.2.2 修复电缆线路附属设施 B.3 其他部件批量更换及加装 B.3.1 接地箱修复或更换 B.3.2 交叉互联箱修复或更换 B.3.3 接地电缆修复 B.4 诊断性试验
C类检修	C.1 外观检查 C.2 周期性维护 C.3 例行试验 C.4 其他需要线路停电配合的检修项目
D类检修	D.1 专业巡检 D.2 不需要停电的电缆缺陷处理 D.3 通道缺陷处理 D.4 在线监测装置、综合监控装置检查维修 D.5 带电检测 D.6 其他不需要线路停电配合的检修项目

电缆本体、电缆附件、附属设备常见缺陷的处理方法分别如表4-19～表4-21所示。

表 4-19 电缆本体缺陷处理方法

缺陷类型	原因	判断和检查方法	处理方法	检修分类
电缆本体绝缘受损	外力破坏	有明显的外力破坏痕迹	更换部分电缆	A类
	质量问题	投产时间较短（一般在5年以内），电缆表面无外力损伤痕迹	更换部分电缆，持续观察，监测电缆金属护层接地电流，有条件的进行周排性局放检测或介损检测，有异常需进行进一步试验，必要时全部更换	A类
	绝缘老化	投产时间较长（一般在15年以上），局放或介损检测异常，电缆表面无外力损伤痕迹	更换部分电缆，持续观察，监测电缆金属护层接地电流，有条件的进行周排性局放检测或介损检测，如确定整条线路普遍存在绝缘老化情况，列技改项目更换整条电缆线路	A类
电缆金属护层接地电流、感应电压异常	接地电缆缺失	现场查看	停电消缺，修复	B类
	电缆护层过电压限制器击穿	1）测量电缆护层过电压限制器上下端之间感应电压及接地电流。 2）停电后测量电缆护层过电压限制器绝缘电阻	停电消缺，更换	B类
	接地装置接地电阻偏大	停电后测量接地电阻	增设接地桩，确保接地电阻不大于10Ω	B类
	外护套破损严重导致接地	停电后进行外护套绝缘电阻测量	1）外护套故障找寻，找到故障点后将故障点及两侧100mm内电缆外护套用砂纸打毛，先后结包绝缘带、防水带，然后用半导电带恢复外电极，最后绕包PVC带。 2）恢复后再次测量外护套绝缘电阻，并进行直流耐压试验，直流电压5kV，加压时间为60s，不应击穿	B类
	接地系统接线错误	根据资料图纸核对接地系统接线方式	按照正确的接地系统恢复接线	B类
	绝缘接头安装错误，做成直通接头	停电后用万用表确认接头两侧电缆金属屏蔽层是否连通	停电消缺，将直通接头更换为绝缘接头	B类

表 4-20 电缆附件缺陷处理方法

缺陷类型	原因	判断和检查方法	处理方法	检修分类
电缆终端局部发热	终端外绝缘破损	目测、登塔检查	更换外绝缘绝缘套管，充油式电缆终端须同时更换绝缘油	B类
	热缩、冷缩电缆终端进水	停电检查	切除后重新制作	B类

续表

缺陷类型	原因	判断和检查方法	处理方法	检修分类
电缆终端局部发热	接地线/封铅虚焊	停电检查	1）检查电缆主绝缘表面，无明显变化的，重新进行接地线焊接/封铅； 2）若放电现象严重，电缆主细缘出现变色、碳化等情况，切除电缆终端及受损电缆，重新安装电缆终端	B类
	安装尺寸错误	停电检查	切除后重新安装	B类
充油式电缆终端渗、漏油	应力锥破损	停电后，打开终端检查	停电更换或处理，处理方法如下：应力锥或者是油封； 1）更换电缆终端绝缘子底座法兰上的密封圈； 2）重新就位电缆终端绝缘子，紧固底脚螺栓； 3）电缆终端内重新填充规定量的绝缘油； 4）安装电缆终端出线杆金具、上封盖、屏蔽罩； 5）清除电缆终端下方电缆本体上的残油，重新绕包防火包带； 6）静置8小时以后完成相关试验； 7）做好记录	B类
	油封错位			B类
	密封圈老化			B类
	细微渗油	跟踪观察	适当缩短巡视周期，加强观察，并做好记录； 带电距离足够的情况下，清除终端下方的油迹，便于观察是否持续渗漏； 有停电机会，打开终端尾管进行检查； 情况严重的，按照上面所述方法处理，必要时请厂家技术人员配合检查并处理； 做好记录	D类
设备线夹发热，或相间温差差异较大	螺栓型设备线夹长时间运行后连接处不紧密	停电检查	建议使用压接型设备线夹，导体与设备线夹端子配合尺寸参照GB/T 14315—2008《电力电缆导体用压接型铜、铝接线端子和连接管》	C类
	压接型设备线夹压接不规范			
	螺栓松动			
电缆接头发热	接地线/封铅虚焊	停电检查	1）检查电缆主绝缘表面，无明显变化的，重新进行接地线焊接/封铅； 2）若放电现象严重，电缆主绝缘出现变色、碳化等情况，切除电缆接头及受损电缆，重新安装电缆接头	B类
	电缆通道（非开挖顶管、排管、电缆沟等）沉降、塌方或水平位移导致电缆接头受力	检查电缆通道、观察电缆接头两侧电缆是否被拉直，电缆固定夹具是否有移位痕迹	1）查明移位的电缆通道，对其进行加固保护。检查电缆接头受损情况及受力情况，情况严重的建议切除电缆接头，更换一段电缆并安装2相电缆接头，电缆接头两侧电缆做伸缩节，并跟踪观察是否有变化； 2）电缆通道的沉降、塌方或水平位移有进一步恶化趋势并无法实施加固的，建议重新选择稳定的电缆通道，更换整段电缆	A类

续表

缺陷类型	原因	判断和检查方法	处理方法	检修分类
电缆接头发热	安装工艺问题或附件质量问题	排除其他原因后停电更换并进行解体检查	1）停电更换； 2）解体检查后若确定是安装工艺问题的，对安装该电缆接头的安装人员在同时期安装的其他电缆接头进行排查和观察，检查是否存在同样问题； 3）解体检查后若确定是附件质量问题的，对同批次产品进行排查和观察，检查是否存在同样问题； 4）必要时对同批次产品进行全部更换	A类

表 4-21　　附属设备常见缺陷处理方法

缺陷类型	原因	判断和检查方法	处理方法	检修分类
避雷器计数器电流表指数为零	连接线外皮破损接地	登塔检查	停电更换连接线	B类
	电流表故障	带电检查	带电更换，用个人保安线将电流表两端短接，更换电流表	D类
	避雷器绝缘底座击穿	停电检测	停电更换	B类
水底电缆锚损	船只违章锚泊	保护区出现船只锚泊等违章情况，并由机械破坏痕迹	更换锚损段电缆，制作电缆接头	A类
水底电缆磨损	电缆随洋流移动过程中与水底基岩等摩擦造成	电缆有明显的磨损痕迹（如铠装钢丝磨断、金属护层出现裂纹等）	1）查明磨损电缆的通道，对其进行加固保护（如套管、抛石、深埋等），并跟踪观察其保护措施实施效果； 2）电缆通道无法实施有效保护的，建议重新选择稳定的电缆通道	A类
水底电缆腐蚀	水质、电化学、水中生物等造成电缆腐蚀	水底检查	1）跟踪检查，掌握电缆腐蚀状况，采取必要的防腐措施； 2）若腐蚀现象严重，电缆金属护层、铠装金属丝层出现严重腐蚀、断股等情况，建议更换电缆，并采取可靠的防腐措施，或重新选择稳定的电缆通道	B类

四、缺陷处理案例

（一）某 220kV 电缆终端线夹发热缺陷消缺案例

1. 缺陷发现

某日，电缆运检室红外测温人员在对某 220kV 电缆线路进行周期性红外测温时，发现该线路 28 号杆（户外终端，电缆型号：YJLW03-127/220－1×2500mm^2）A 相电缆终端电气设备与金属部件的接头和线夹处相比与 B、C 两相同一位置处热点明显。

表 4-22　　红外测温记录表

测温时间	22：17	线路负荷	263A
相别	A	B	C
接头和线夹处测试温度	54.3℃	10.5℃	10.4℃

A 相和 B 相温差为 43.8℃，B 相和 C 相温差为 0.1℃，A 相和 C 相温差为 43.9℃，初步怀疑该处有发热缺陷。

2 日后，电缆运检室红外测温人员对某 220kV 电缆线路 28 号杆电缆终端进行了复测，发现 A 相电缆终端电气设备与金属部件的接头和线夹处相比与 B、C 两相同一位置处热点依然明显，A 相红外测温如图 4-22 所示，红外测温记录表如表 4-23 所示。

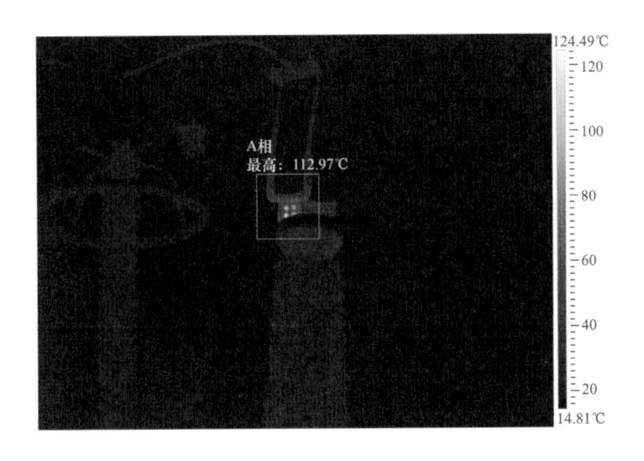

图 4-22　某 220kV 电缆线路 28 号杆 A 相红外测温图

表 4-23　　红外测温记录表

测温时间	19：10	线路负荷	309A
相　别	A	B	C
接头和线夹处测试温度	112.9℃	26.1℃	26.4℃

A 相和 B 相温差为 86.8℃，B 相和 C 相温差为 0.3℃，A 相和 C 相温差为 86.5℃。参照 DL/T 664—2008《带电设备红外诊断应用规范》附录 A 电流致热型设备缺陷诊断判据——表 A.1 电流致热型设备缺陷诊断判据：电气设备与金属部件的接头和线夹处热点明显，热点温度和相对温差均已大大超过了允许值，判定该处存在严重发热缺陷。

2. 缺陷处理

得知该情况后，检修班立即对现场进行了勘察，确定了消缺方案。由于该 220kV 电缆线路是连接两所 220kV 变电站的重要线路，消缺工作刻不容缓。经与调度协商，电缆运检室决定立即对该 220kV 电缆线路进行停电消缺处理。

电缆运检室向调度申请停电检修，在得到调度许可线路工作后，检修班工作班成员登杆对该线路 28 号杆电缆终端进行了检查，发现 A 相电缆终端与线路线夹搭接处的铜铝过渡电板出现异常，铜铝过渡电板的铝板侧与线路线夹中存在杂质，导致接触电阻增大，且出现发热现象。对线路线夹和铜铝过渡电板进行打磨处理后，处理过程。处理后，表面平整，已无杂质和放电痕迹。重新安装后，消除缺陷如图 4-23（a）、（b）、（c）所示。并对 B、C 两项搭接处进行了紧固处理。14 时 44 分，工作结束，汇报调度，恢复送电。

恢复送电后，运检人员对该线路终端展开红外复测工作，A、B、C 三相温度分别为 26℃、25℃、26℃，设备正常，缺陷消除，A 相红外测温如图 4-23（d）所示。

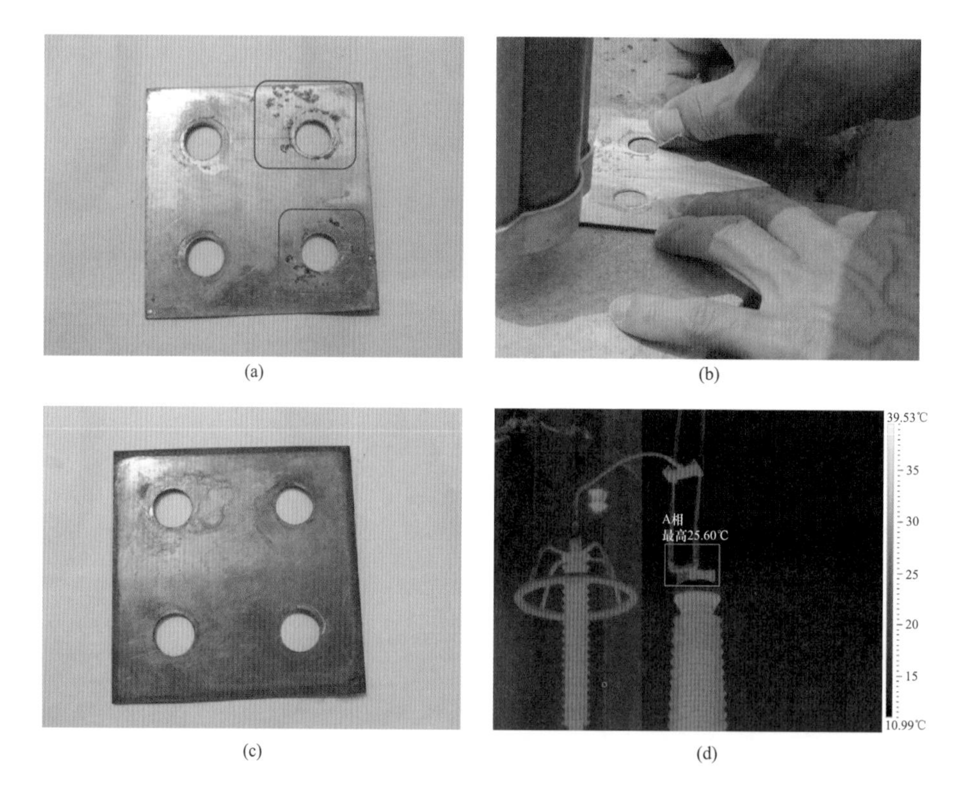

(a) (b) (c) (d)

图 4-23　缺陷处理发现和修复

（a）铜铝过度电板铝板侧（与线路线夹搭接处）有放电痕迹；（b）铜铝过渡电板打磨处理情况；（c）铜铝过度电板铜板侧（与电缆终端搭接处）无放电痕迹；（d）修复后，28 号杆电缆终端 A 相红外测温图

3. 原因分析及防范措施

经过现场查看及施工记录查询，发现该电缆线路近期进行过线路侧检修，并拆解 28 号杆电缆终端处线夹。经过分析，推测是由于线路侧检修完成后，在线夹恢复的过程

中，未采用新的铜铝过渡板或未将旧铜铝过渡板进行打磨，导致线夹恢复过程中压接不牢，线夹处接触电阻过大，导致A相线夹异常发热。

在日后的工作中，应加强与输电运检室等部门的检修工作信息共享，当混合输电线路上检修工作涉及电缆终端与架空线搭接处时，在检修完成后及时安排电缆终端红外测温工作，确保电缆终端安全可靠运行。同时，严格按照Q/GDW 1512—2014《电力电缆及通道运维规程》中相关要求，持续加强220kV电缆线路的红外测温工作，及时发现不良隐患，确保线路运行安全。

（二）某110kV电缆GIS终端尾管发热缺陷处理

某110kV电缆线路为110kV某变的进线电源线路，电缆型号YJLW03-64/110—1×630。

1. 缺陷现象

某日，在对某220kV变电站内某110kV电缆GIS终端测温时发现B相GIS电缆终端下部尾管以下电缆段发热严重，电缆运检室接报后立即组织人员现场复测，复测结果如图4-24所示。

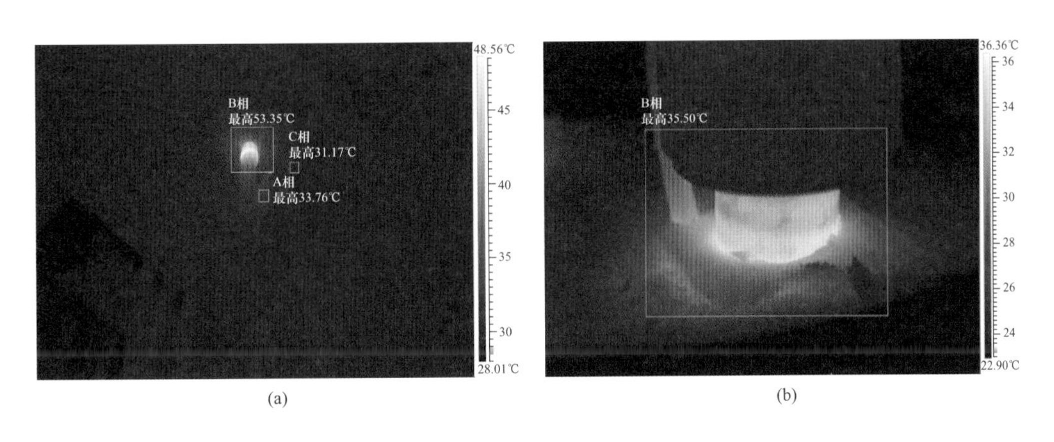

图4-24　GIS电缆终端尾管下部红外复测结果

（a）电缆层内复测结果；（b）GIS开关室内复测结果

由复测结果可知，该线路GIS电缆终端尾管下部发热严重，最高温度达到了53℃，且位于电缆层内的电缆段温度要高于紧挨着GIS终端尾管下部的电缆段的温度（温度值为35℃）。

2. 缺陷处理过程

根据现场复测的结果，电缆运检室立即确定了紧急消缺方案，组织人员对现场进行勘察，以初步确定发热点来源，如图4-25所示。

通过现场勘察，同时结合红外测温的数据，初步判断发热原因可能是：位于电缆金

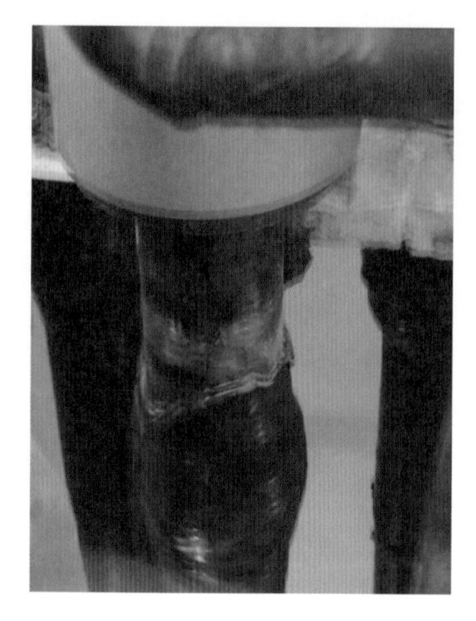

图 4-25 电缆护层发热区域

属护层与终端尾管之间的金属连接线（如图 4-26 中金属连接线）采用与波纹铝护套扎丝焊接工艺，可能后期焊接后焊接辅助物未清理干净，导致长时间运行后产生腐蚀，导致接触电阻过大，当护层环流流过时，在搭接点处产生热量并累积，最终使得搭接点周边的整体区域发热严重。

经申请调度批准，对该 110kV 电缆线路进行停电消缺处理，在得到调度许可线路工作后，电缆检修工作班成员对电缆护层搭接区域进行了现场解剖，进一步确定发热点来源，如图 4-27 所示。

由图 4-27（a）的现场解剖图可知，金属连接线与电缆护层之间的搭接方式为利用焊锡将两者点焊连接后再通过铁丝进行绑扎；由图 4-27（b）的现场解剖图可知，由于此处发热较严重，搭接处的绝缘密封胶已经发生了较严重的碳化。

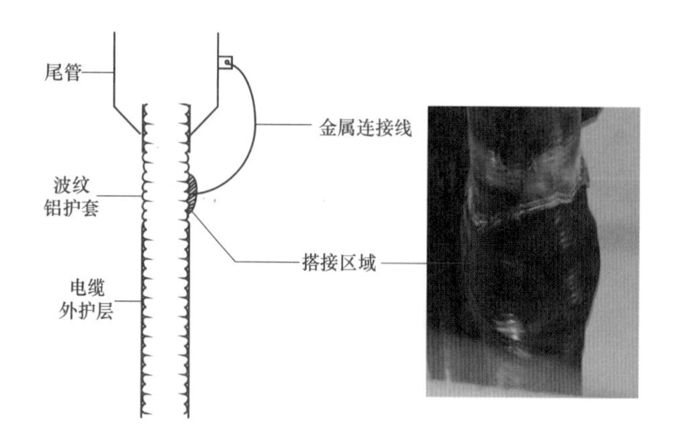

图 4-26 电缆护层发热初步疑似点

因此，确定了本次发热缺陷产生的原因，因金属连接线与电缆护层之间扎丝焊接工艺搭接由于焊接辅助物未清除干净，长期运行后产生腐蚀导致接地连接区域产生发热现象。

结合发热缺陷的产生原因，部门制订了相应消缺方案。针对原有的金属连接线与电缆金属护套之间的搭接不紧密、接触电阻过大的问题，采用封铅的方式，将金属连接线与电缆金属护套之间彻底紧密连接，已解决原有的接触电阻过大的问题。缺陷修复的过程如图 4-28 所示。

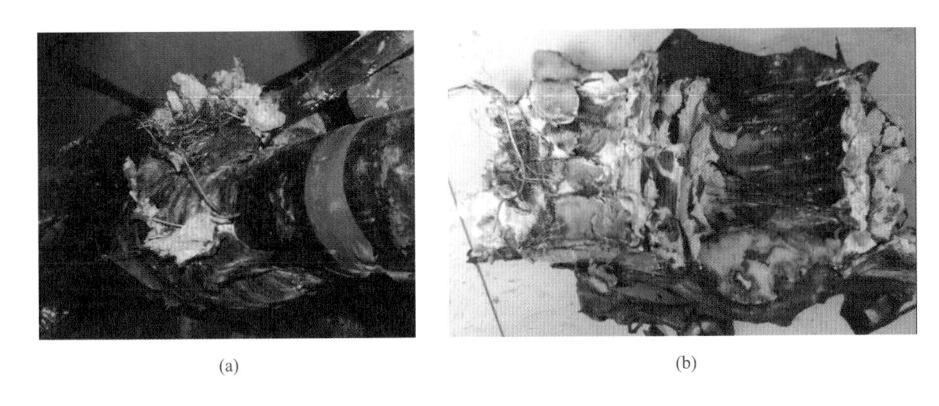

图 4-27　搭接区域解剖图

（a）搭接点解头；（b）绝缘密封胶碳化

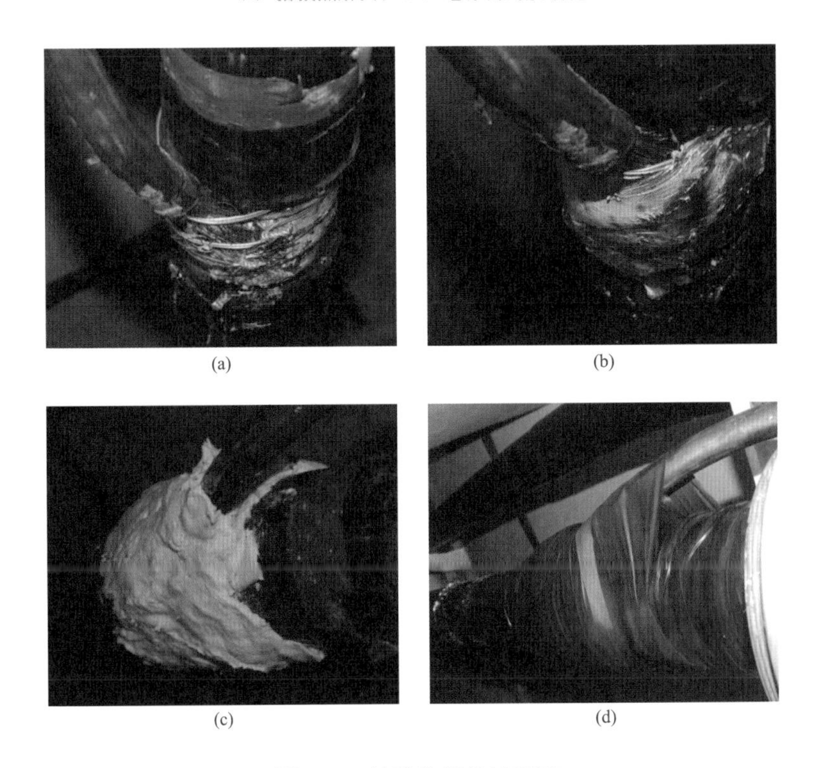

图 4-28　缺陷修复的过程图

（a）修复第一步：用铁丝绑扎；（b）修复第二步：对搭接区域封铅；（c）修复第三步：对搭接区域涂绝缘密封胶；（d）修复第四步：对搭接区域绑扎防水绝缘胶带

消缺检修工作完成后，工作负责人汇报调度恢复送电。电缆线路送电后的一周内，电缆运检室组织巡视人员对修复的电缆终端进行了红外检测，复测结果表明原有的发热区域温度与周围环境温度一致，如图 4-29 所示，无发热现象产生，设备运行正常。最终，确认该处 B 相电缆 GIS 终端尾管下部电缆发热缺陷已消除。

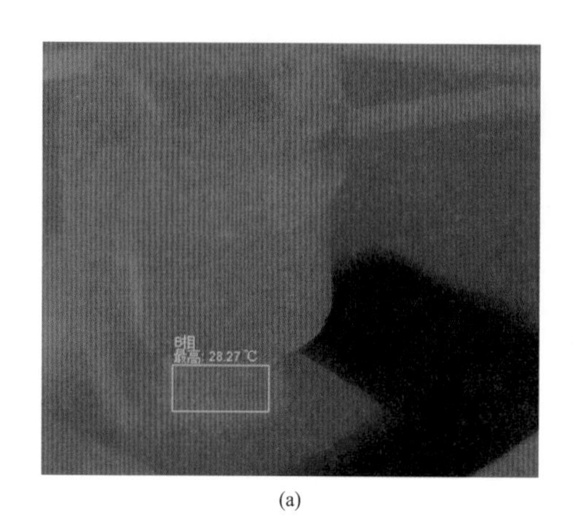

(a)

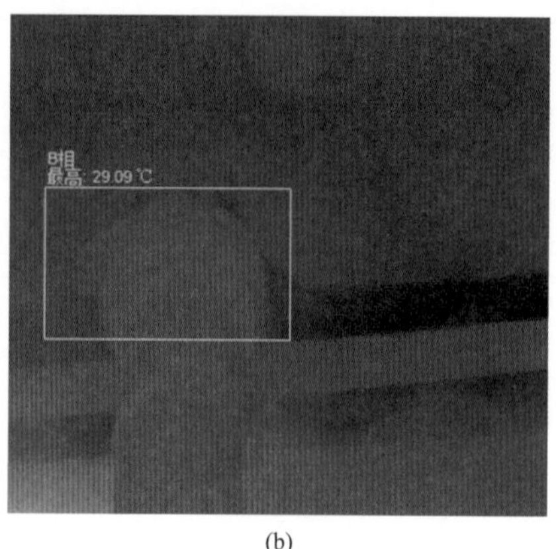

(b)

图 4-29 B相复测红外结果

(a) B相复测结果（110kV开关室内）；(b) B相复测结果（电缆层内）

（三）某110kV电缆终端应力锥发热缺陷消缺案例

1. 缺陷基本概况

某110kV线路电缆段全长3009m，共有两个完整的交叉互联换位段，两基终端的基本台账信息如表4-24所示。

表 4-24 某110kV电缆线路电缆终端台账信息

杆号	相位	终端类型
6号	A B C	户外终端
7号	A B C	户外终端

根据例行状态检测策略，在该条线路投运后，定期对该条线路进行了红外测温。某日，在该线路电缆终端进行迎峰度夏的红外测温中发现，该条电缆线路6号终端本体应力锥部位存在局部发热的现象，如图4-30所示。

由图4-30可知，6号杆终端本体在应力锥位置存在局部发热的现象，其中A、B、C三相电缆终端本体应力锥区域的温度比本体其他位置的温度分别高0.64℃、0.85℃、0.85℃。

随后，针对该条线路终端开展的例行红外测温中，测量结果均与该结果类似，在历次红外普测中，6号杆终端本体均存在应力锥部位比终端本体其他部位温度高的现象。电缆终端本体应力锥部位发热属于电压致热型发热缺陷，针对电压致热型设备缺陷，其诊断判据需参照行业标准DL/T 664—2008《带电设备红外诊断应用规范》中的电压致热型设备缺陷诊断判据表，根据DL/T 664—2008《带电设备红外诊断应用规范》中的规定，当电缆终端本体温差达到 0.5℃以上时，电缆终端本体内部可能存在缺陷，需引起重视。

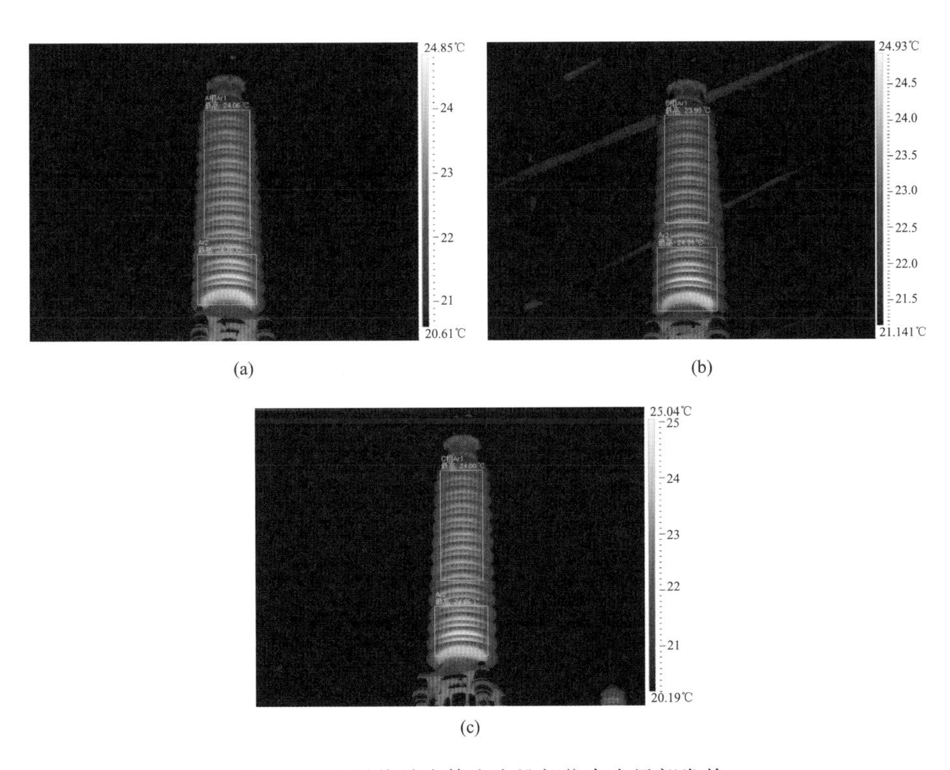

(a)　(b)　(c)

图 4-30　6 号终端本体应力锥部位存在局部发热

(a) 6 号杆终端 A 相红外测温结果；(b) 7 号终端 B 相红外测温结果；(c) 6 号杆终端 C 相红外测温结果

2. 缺陷处理过程

结合该电缆线路迁改停电的契机，电缆运检室组织人员对现场进行了勘察，制定了更换 6 号杆终端的消缺方案。

现场更换过程中，依次对电缆终端进行了放油、拆解、更换等流程。其中，三相终端的部分油样品送至专业检测机构进一步化验检测。电缆终端套管取下后，发现 6 号杆终端应力锥罩上有黑色不明附着物质，且三相应力锥罩表面均存在，如图 4-31 所示。

图 4-31　终端应力锥罩上的黑色不明附着物质

深入观察发现，黑色不明物质附着在应力锥罩上的区域，正是锥罩内部应力锥末端所对应的区域，如图 4-32 所示。

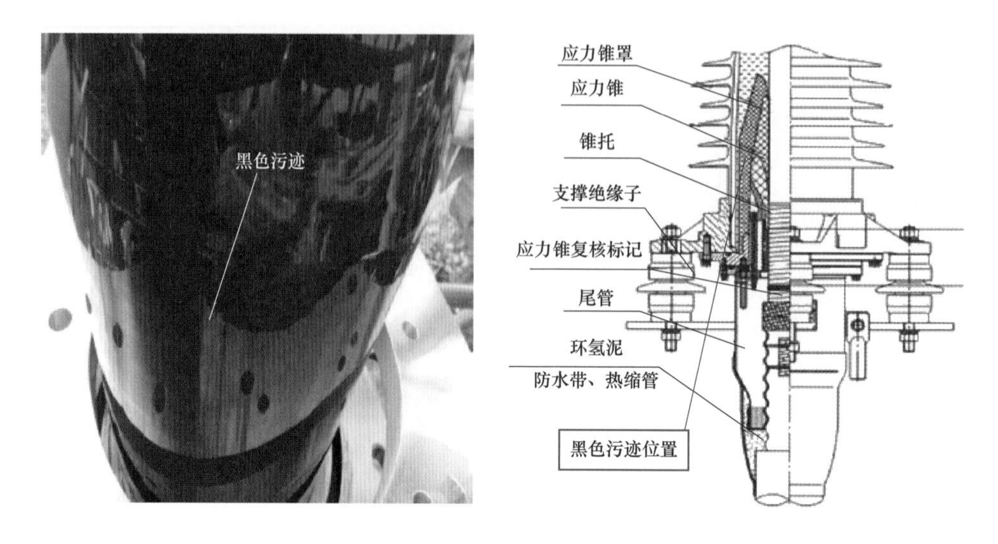

图 4-32 黑色不明物质附着在锥罩表面的位置区域

通过对锥罩底部进一步观察发现，锥罩底部密封圈周围存在绿色不明物质，如图 4-33 所示。

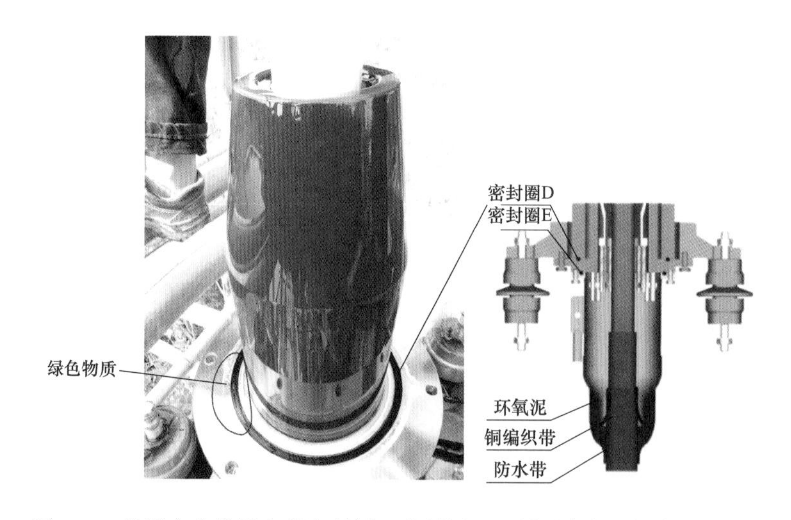

图 4-33 终端应力锥罩底部密封圈（密封圈 D）周围存在的绿色不明物质

取下 A 相应力锥罩后，发现应力锥上部预制件表面存在黑色不明物体，如图 4-34 所示。

电缆终端尾管处封铅以及电缆本体绝缘屏蔽口处理分别如图 4-35 所示。

三相电缆终端拆解完成后，依次对三相电缆终端进行了更换。6 号杆终端发热缺陷处理完毕后，随即汇报调度送电。当晚对该条线路进行了红外复测，结果如图 4-36 所示。

由图 4-36 可知，6 号杆三相终端最大温差为 0.2℃，无任何异常。

图 4-34　A 相应力锥上部预制件上附着的黑色不明物体

(a)

(b)

图 4-35　电缆终端尾管处封铅以及电缆本体绝缘屏蔽口处理

（a）终端尾管封铅内部解剖；（b）电缆本体绝缘屏蔽口处理

(a)

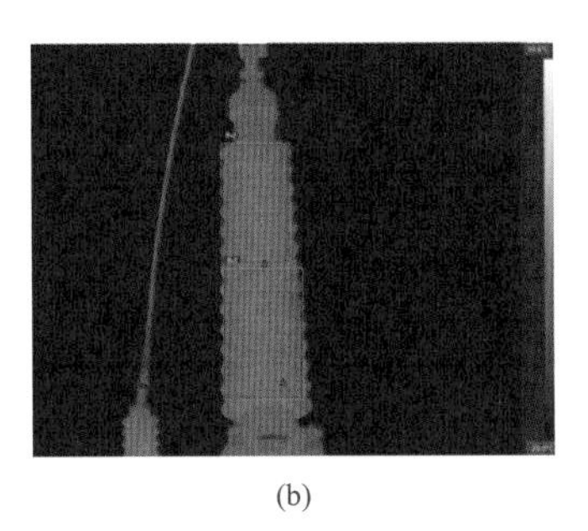

(b)

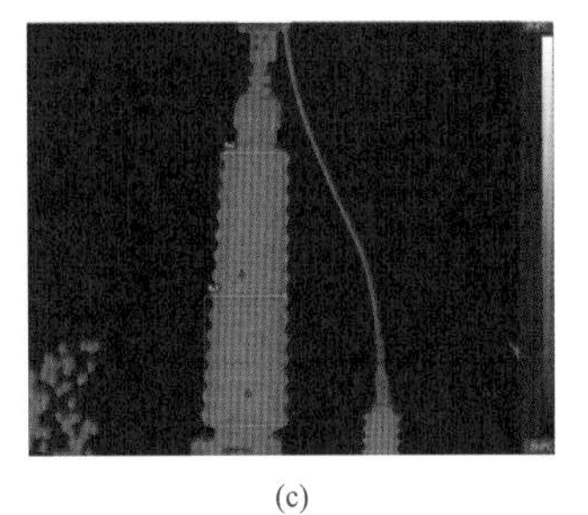

(c)

图 4-36　6 号杆终端红外复测图

（a）A 相电缆终端红外图片 BX1max 10.9℃；BX2 max 10.6℃；（b）B 相电缆终端红外图片 BX1max 10.1℃；BX2 max 9.9℃；（c）C 相电缆终端红外图片　BX1max 10.3℃；BX2 max 10.1℃

3. 缺陷原因分析

结合该基电缆终端的红外测温结果，发热区域主要位于终端本体应力锥部位，且考虑到发热温度在3℃以内，基本可判定该发热缺陷为电压制热性缺陷。

将电缆终端放油解体后依次对终端罩、应力锥、本体绝缘屏蔽口、尾管处封铅进行了排查，发现：终端罩表面并无明显的污秽；应力锥表面无任何放电痕迹；本体绝缘屏蔽口处理较平滑，无台阶、无尖角和毛刺；尾管处封铅基本符合要求。因此，基本排除了以上可能导致电缆终端本体应力锥部位发热的可能，而硅油的品质和特性可能是导致电缆终端本体应力锥部位发热的原因，需对硅油的品质和特性进行进一步的性能检测，检测结果如图 4-37 所示。

试样名称和规格：硅油

送检单位：技术部　　送检原因：性能检测

检验标准：GB/T5654　GB/T507

检验项目：击穿强度、介质损耗角正切、体积电阻率

试验环境：温度：19℃　湿度：50%　　试验日期：2017/11/10

试　验　结　果

编号	检 测 项 目	技 术 要 求	检 测 结 果	备　注
1	击穿强度（kV/2.5mm）	≥35	27	
2	介质损耗角正切	≤0.006	0.0132	
3	体积电阻率（Ω.cm）	$\geq 8\times10^{14}$	1.22×10^{12}	

结论：不合格。

图 4-37　电缆终端硅油检测结果

由图 4-37 的检测结果可知，该基终端的硅油的击穿强度、介质损耗角正切和体积电阻率均不满足规程规定的技术要求值，其中该基终端硅油的介质损耗角正切值达到了 0.0132≫0.005。因此，基本可以证实，该基终端本体应力锥部位发热的原因为硅油的品质和性能不合格。

作为电缆运检人员，需对造成硅油品质和性能不合格的原因进行更进一步的分析，以指导后续电缆终端的安装和运维，避免再次出现类似的状况。排查硅油品质和性能不合格的原因的流程如图 4-38 所示。

结合图 4-38 所示的排查流程，依次对硅油的进厂检测报告、复合套管的气密性进行了检查，发现该基终端所用硅油的进厂检测指标均符合相关标准要求，可排除硅油进厂检测不合格或漏检的可能；从对复合套管的气密性检测结果来看，复合套管自身的密封性能可靠，可排除复合套管自身密封不严的可能。因此，该基终端内部硅油有水分混入的可能性较大，即导致该 110kV 电缆线路 6 号电缆终端内部硅油品质和性能不合格的根本原因是电缆终端内部硅油含水量偏高。

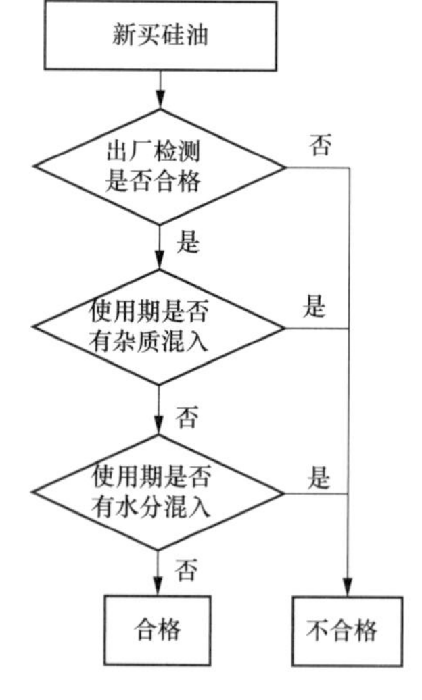

图 4-38　硅油品质不合格的排查流程图

综上所述，由于电缆终端内部硅油含有水分，造成硅油的品质和性能下降，即介质损耗正切值增加、击穿电压下降、体积电阻率下降，在应力锥处集中强电场的作用下，介

质热损逐渐累积，最终导致电缆终端本体应力锥部位发热，利用红外热像仪测试时，应力锥部位的热像温度会明显高于终端本体其他部位。

4. 后续处理建议

目前，某地区电缆终端本体应力锥部位发热的缺陷共有25起，如表4-25所示。

表4-25 不同厂家电缆终端应力锥发热起数

厂家	A	B	C	D	E
发热缺陷起数	18	2	2	2	1

由表4-25可知，存在本体应力锥发热缺陷的终端厂家主要集中在五个厂家中，其中A厂家的终端占比72%，占比最大。

对以上25起存在应力锥发热缺陷的电缆终端，建议根据发热温度的严重情况，在条件允许的情况下，对发热温度较高的终端依次解体查看，查明发热原因；而对于暂时发热温度不太高的终端，建议持续跟踪复测，记录温度变化曲线。终端解体后，可参照表4-26进行逐一排查。

表4-26 终端应力锥发热缺陷现场解体排查表

序号	部位	排查项目
1	终端罩	终端罩上部（出线杆部位）密封是否可靠
		终端罩表面是否积污
		终端罩表面是否完好，有无裂纹等
		其他
2	应力锥	应力锥表面有无明显的放电痕迹
		应力锥表面是否附有不明物质
		应力锥是否变形
		应力锥绝缘性能（根据规程需做耐压和局放试验）是否可靠
		其他
3	硅油	硅油颜色有无明显变化
		硅油内部有无杂质
		硅油绝缘性能是否可靠（需取样后送专业机构质检）
		其他
4	本体绝缘处理及屏蔽口处理	屏蔽口是否有明显的台阶
		屏蔽口是否有明显的尖角
		屏蔽口是否有明显的毛刺
		屏蔽口有无放电痕迹
		终端内部电缆本体绝缘表面打磨是否光滑
		其他

续表

序号	部位	排查项目
5	尾管	封铅是否密实、有未揉透、有无结疤、铅锡是否明显分离等
		其他
6	附件	电缆绝缘外半导电层与波纹铝护套之间的导通性能是否可靠（是否包裹铜网、是否包绕半导电带材等）
		其他

在现场进行缺陷原因排查和缺陷消除工作时，将终端内部硅油放出后，建议将终端用保鲜膜包裹密实，防止水分和潮气进入终端罩内部；同时，在灌注新的绝缘硅油之前，需对绝缘硅油进行加热，冷却至一定温度后迅速灌注至终端本体内，最大限度的缩短终端内部裸露在外界环境的时间，将进入硅油中的水分含量降低至最低值。

（四）某 220kV 电缆终端隐蔽性漏油缺陷消缺案例

某日，红外测温显示某 220kV 电缆三相终端油位高度正常，而迎峰度夏期间红外测温发现 51 号杆的 A 相电缆终端内油位下降明显，立即开展跟踪复测确认油位下降趋势加重，3 个月内油位高度下降了 5 片绝缘子，如果持续运行可能导致电缆终端故障。某 220kV 电缆线 51 号杆 A 相电缆终端相关红外测温图谱如图 4-39 所示。

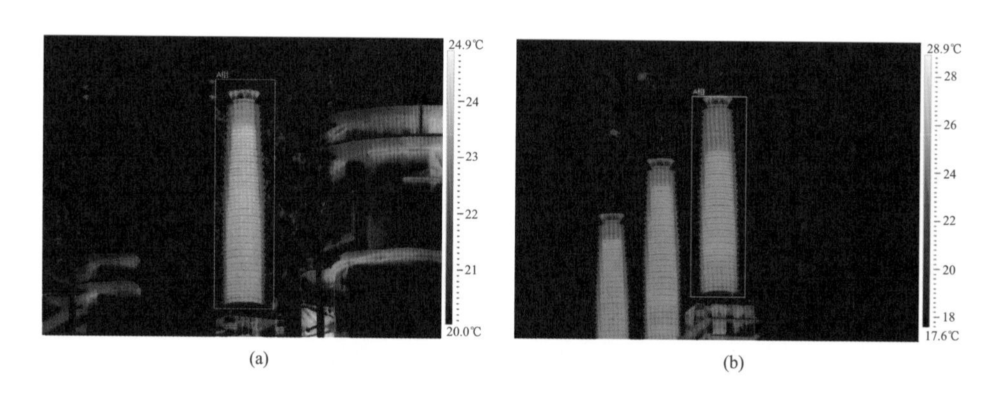

图 4-39 A 相电缆终端红外测温对比结果

（a）漏油前测量；（b）迎峰度夏期间测量

电缆运检室经综合分析，目前该终端已处于带电缺陷运行状态。经查询近期该 220kV 电缆无停电计划，为确保迎峰度夏期间重要电缆设备安全稳定运行，申请 2 天停电检修。

1. 消缺过程

某 220kV 电缆线改为检修状态，检修人员做好各项安措后上杆消缺，依次拆解终端密封底座下部分、上部分，终端密封底座部分拆解图如图 4-40 所示。

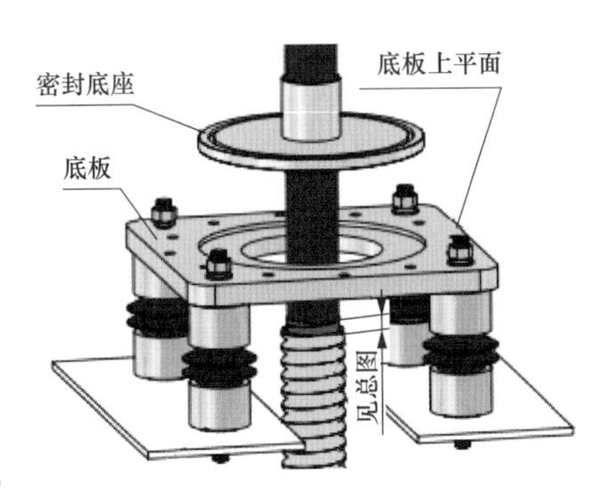

图 4-40　终端密封底座部分拆解图

密封底座下部分现场拆解各步骤如图 4-41 所示。

检查过程中发现封铅形状不规则、表面开裂，热缩套管与封铅之间有明显的渗油痕迹，证实终端硅油已从封铅内部渗出。检修人员融化封铅、拆除尾管后，剖开带材，发现绕包的绝缘自粘带和半导电带材内外表面也均有油渍，如图 4-42 所示。

抽出终端油后，吊装终端套管，密封底座上部分现场拆解各步骤如图 4-43 所示。

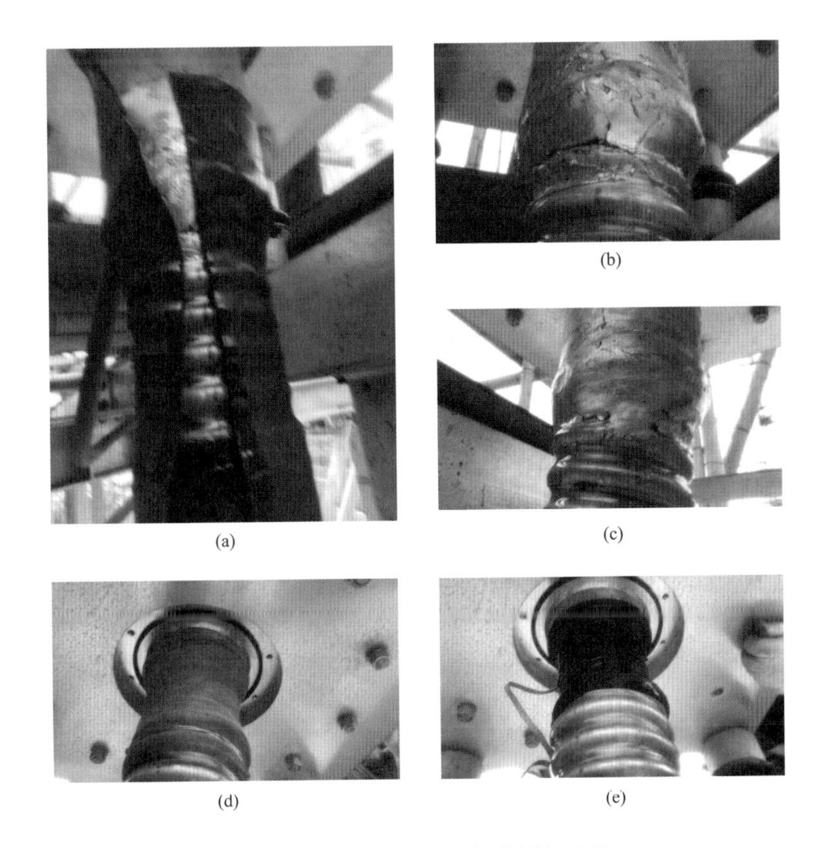

图 4-41　密封底座以下部分拆解过程

（a）解开热缩管；（b）封铅外形表面开裂；（c）封铅外形不规则；（d）拆下尾管检查铜网；（e）检查绕包带材

根据终端绕包带材拆解情况，发现安装工艺所必需的热缩管缺失，同时起密封作用的绝缘自粘带绕包工艺及尺寸要求不合格，密封性能不良，导致终端油渗入电缆绝缘屏蔽与金属铝护套之间，并部分从封铅裂缝处渗出，长期运行导致终端油流失、油位逐步下降。如图 4-44 所示。

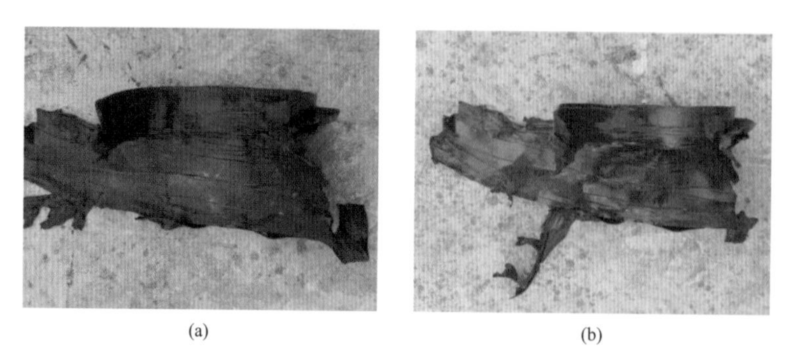

图 4-42　密封底座下部分绕包带材油渍痕迹

（a）绕包带材油渍痕迹；（b）内层带材表面油渍情况

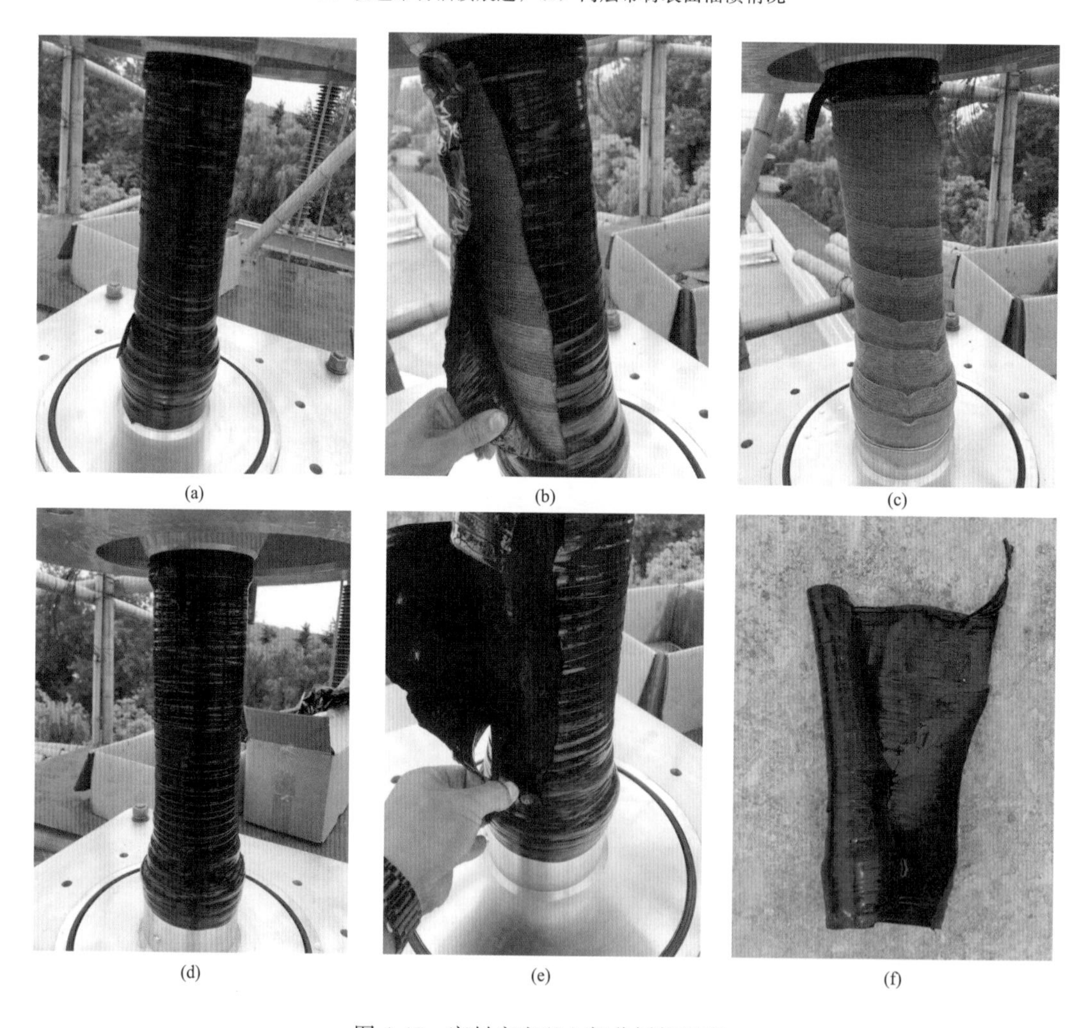

图 4-43　密封底座以上部分拆解过程

（a）吊装套管；（b）解开绝缘自粘带；（c）检查铜网；（d）解开铜网检查内层绕包带材；

（e）剖开内层绕包带材；（f）内层带材表面油渍情况

2. 终端修复过程

现场拆解完毕后，在密封底座上端口处加装红色密封胶，然后依次恢复各层带材结构、重新充油、尾管重新封铅。部分现场安装照片如图 4-45 所示。终端消缺完成后，汇报调度送电复役。

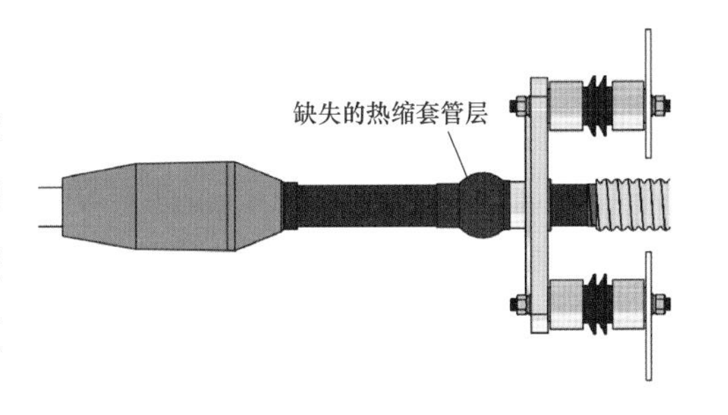

图 4-44 安装过程中缺失的热缩套管

图 4-45 终端修复时带材绕包情况

(a) 密封底座端口绕包密封胶条；(b) 绕包主密封结构；

(c) 绕包半导电带；(d) 绕包铜网后外层绕包绝缘自粘带

3. 缺陷原因分析和今后处理建议

某 220kV 电缆线 51 号杆 A 相电缆终端渗油，主要由于终端安装过程中密封带材绕包工艺及尺寸要求不合格、热缩套管结构缺失所致，同时存在封铅工艺不合格情况，使得终端油渗入电缆绝缘屏蔽与金属铝护套之间、并部分从封铅裂缝处渗出。油位严重偏低将导致电缆终端故障。同时流入电缆金属护层内的绝缘油可能对电缆接地系统造成潜在危害，增加电缆本体的故障风险，如图 4-46 所示。

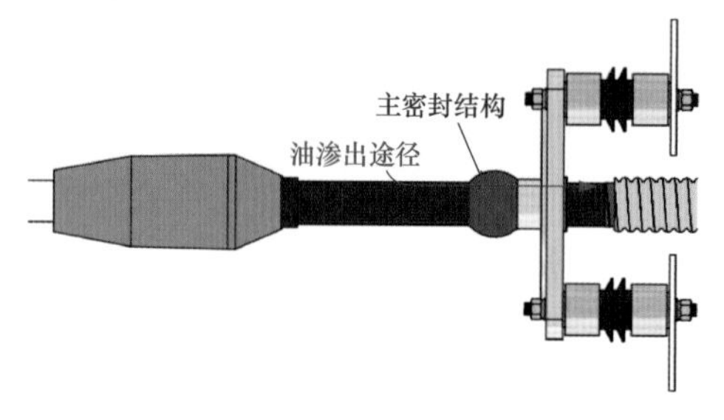

图 4-46 终端油渗出途径

为避免今后电缆终端出现同类缺陷，建议今后在以下方面加强相关工作：

（1）220kV 等重要电缆终端施工过程中，对尾管封铅、带材绕包等关键工作步骤进行现场影像存档，列入施工验收材料进行归档记录；

（2）加强对电缆附件施工厂家的现场技术监督，避免发生同类施工工艺缺陷；

（3）对同结构、同批次、同施工厂家的电缆终端开展排查工作，准确发现可能存在的同类型缺陷。

（五）某 110kV 电缆线路接地系统缺陷消缺案例 A

1. 缺陷概况

某日电缆运检室在迎峰度夏期间进行重点电缆线路的红外测温时，发现位于 220kV 某变电站东北侧的 110kV 某甲线 1 号终端 B 相、110kV 某乙线 1 号终端 A 相和 C 相的户外终端尾管附近电缆护层保护接地螺栓处存在较严重的发热情况。其中，某甲线 1 号终端发热点最高温度为 65.6℃，某乙线 1 号终端发热点最高温度为 206℃。

为进一步判断设备异常原因，电缆运检室组织人员对位于变电站内的某甲线、某乙线电缆终端护层环流进行了连续测试，发现护层环流值超标严重。其中，某甲线护层环流最大值为 136.4A，某乙线线护层环流最大值为 178.1A，接近电缆线芯负荷电流数值。电缆运检室进一步对疑似缺陷的电缆终端进行红外测温复测，发现终端发热现象仍然存在。

结合电缆终端红外测温与护层环流检测结果，电缆运检室认为某甲线、某乙线电缆接地系统存在严重缺陷，如图 4-47 所示。

2. 缺陷处理及临时措施

电缆运检室连夜组织人员制定、部署消缺方案，计划对某甲线、某乙线接地系统进行停电消缺工作。

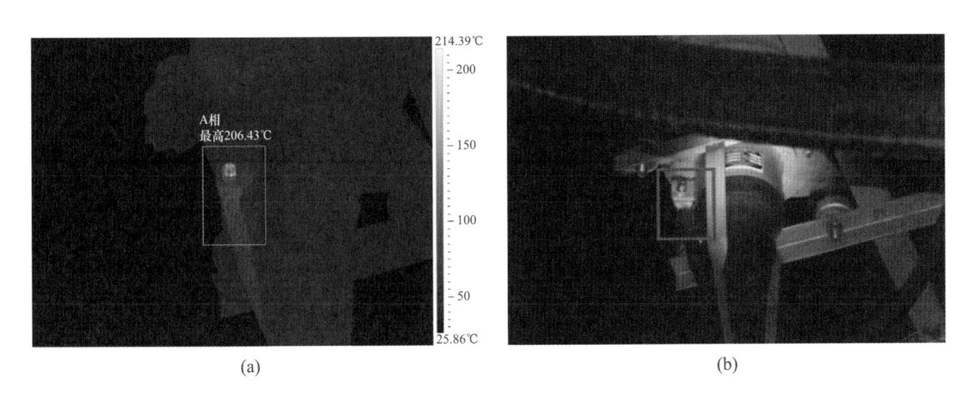

(a) (b)

图 4-47 某乙线 A 相图像

(a) 某乙线 A 相发热红外图像；(b) 某乙线 A 相可见光图像

电缆运检室向调度申请对某甲线进行紧急停电消缺工作，调度许可对某甲线进行停电消缺，检修人员在做好各项安全措施后登杆检查，发现某甲线 1 号杆终端上接地箱为直接接地箱，护层接线方式错误，如图 4-47 所示，导致护层环流严重超标。随后，检修人员将该直接接地箱更换为保护接地箱，使得电缆护层接线方式合理正确。某甲线消缺工作结束后，汇报调度恢复送电。

随后，电缆运检室向调度申请对某乙线进行紧急停电消缺工作。调度许可对某乙线进行停电消缺，检修人员在做好各项安全措施后登杆检查，发现某乙线 1 号杆终端上接地箱为直接接地箱，护层接线方式错误，导致护层环流严重超标。随后，检修人员将该直接接地箱更换为保护接地箱，使得电缆护层接线方式合理正确，修复情况如图 4-48 所示。某乙线消缺工作结束会，汇报调度恢复送电。

某甲线、某乙线恢复送电后，电缆运检室再次对其终端温度和护层环流进行跟踪测试，证实某甲线、某乙线电缆运行状况恢复正常。

（六）某 110kV 电缆线路接地系统缺陷消缺案例 B

某 110kV 电缆线路全长 2040m，敷设方式为电缆通道，电缆型号为 YJLW03-64/110kV—1×1000mm^2，电缆金属护套设计接地方式如图 4-49 所示。

1. 缺陷概况

投运后，电缆检修班人员对该电缆进行了金属护套接地电流与感应电压测试，检测时段线芯负荷在 110A 左右，当到达 J3 双直接接地箱刚开启箱门时，感觉到有一股异常的热浪在空气里涌动，通过观察发现到异常：接地电缆外芯侧 C 相接地螺栓通红，判断异常热浪由此产生。接地箱内照片如图 4-50 所示。

(a)

(b)

(c)

图 4-48 1 号杆终端处接地箱

（a）1 号杆终端处原直接接地箱；（b）1 号杆终端处更换后的保护接地箱；

（c）1 号杆终端处更换后的保护接地箱外观

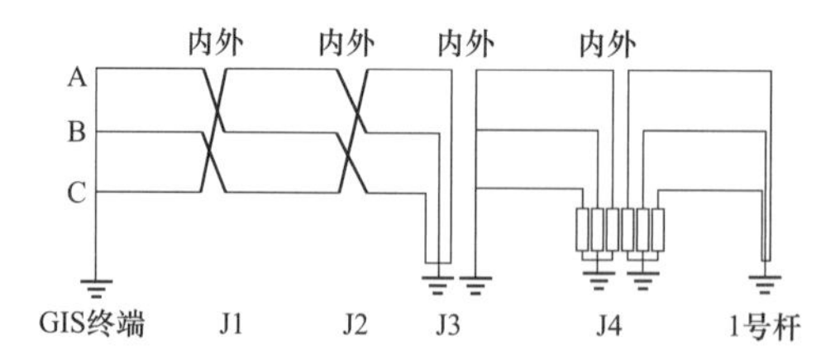

图 4-49 电缆金属护套接地设计方式

在做好相关安全措施的基础上，检测人员测试了接地电流，发现外芯三相接地电缆分别为 92.1A、91.3A、90.3A，现场测试情况如图 4-51 所示。

(a)

(b)

图 4-50　J3 双直接接地箱内 C 相接地螺栓通红发热

(a) 3 双直接接地箱；(b) C 相接地螺栓通红发热

随后检修班人员前往了 J4 双保护箱，发现保护箱内三相保护器前被一根铜排短接，造成三相金属护套相间短路，三相接地电流都接近负荷电流。当时现场保护箱内实测情况如图 4-52 所示。

2. 缺陷原因分析

实际电缆金属护套接线方式如图 4-53 所示。

该电缆“J3—J4”“J4—1 号杆”段电缆金属护套相当于“两端直接接地”，使得金属护套上流过的电流接近负荷电流，由于 J3 双直接接地箱的接地电缆外芯侧 C 相固定螺栓未充分紧固，较大的接触电阻在较大接地电流作用下发热功率很大，使得看到接地螺栓通红的情况。

图 4-51　接地电流数值显示

3. 缺陷消缺情况

检修人员随即对该电缆线路申请临时停电检修，在电缆改为检修状态后，检修人员拆除了 J4 保护箱内多余的连接铜排，更换了 J3 接地箱内未紧固的螺栓，如图 4-54 所示。

电缆带负荷后复测接地电流，显示缺陷已消除，检测结果如表 4-27 所示。

(a)

(b)

图 4-52 J4 双保护箱内现场实测情况

(a) 某 110kV 电缆线路保护接地箱接线错误；(b) 接地电流超过 100A，接近负荷电流（110A）

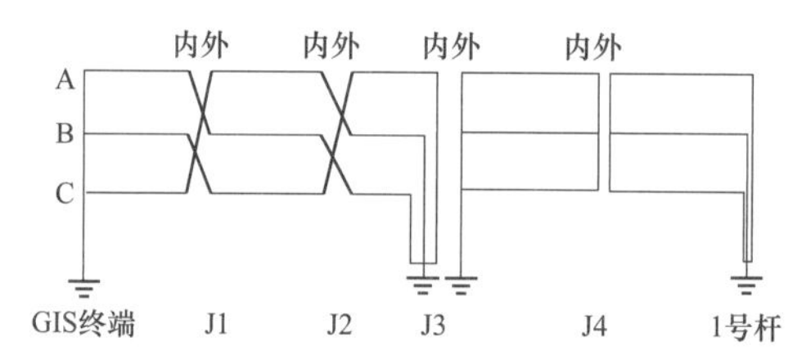

图 4-53 电缆实际金属护套连接结构

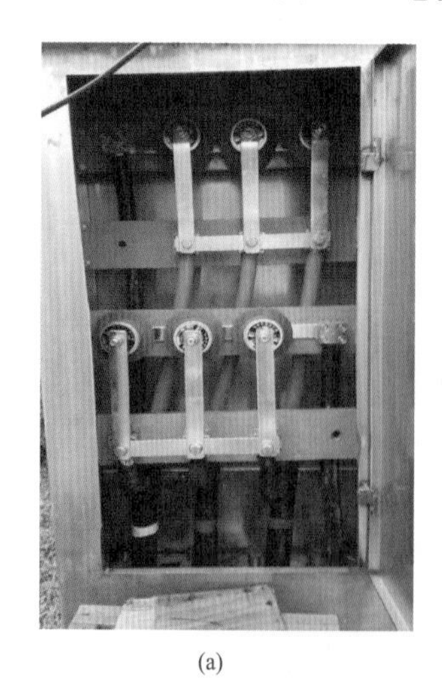

(a)

(b)

图 4-54 J4 双保护箱修复前后对比

(a) 检修前；(b) 检修后

表 4-27　　电缆接地电流与感应电压复测结果（负荷电流 103A 左右）

接地箱/交叉互联箱编号	连接方式	测试相位	接地电流（A）	接地电流/负荷电流	三相最大接地电流（A）	三相最大接地电流/最小接地电流	感应电压（V）
J1	交叉互联	内 A 外 B	19.4	18.8%	19.4	1.45	2.2
		内 B 外 C	13.4	13.0%			2.0
		内 C 外 A	16.8	16.3%			4.0
J2	交叉互联	内 A 外 B	17.3	16.8%	19.3	1.41	5.0
		内 B 外 C	19.3	18.7%			3.4
		内 C 外 A	13.6	13.3%			3.4
J3	直接接地	内 A	14.6	14.1%	19.7	1.35	0.0
		内 B	18.9	18.4%			0.0
		内 C	19.7	19.1%			0.0
		外 A	0.1	—	—	—	0.0
		外 B	0.1	—			0.0
		外 C	0.1	—			0.0
J4	保护接地	内 A	0.0	—	—	—	4.4
		内 B	0.0	—			2.8
		内 C	0.0	—			4.5
		外 A	0.0	—	—	—	4.6
		外 B	0.0	—			5.0
		外 C	0.0	—			2.5

4. 对今后工作的启示

（1）电缆接地系统施工时，严格按照审查后的设计图纸选择、安装接地箱，严禁直接接地箱、保护接地箱混用的情况发生；保护接地箱内的接线要正确，不得擅自增加金属连线，防止出现虽然保护器安装正确但金属护套相间短路的情况。

（2）竣工验收过程中注意以下几点：对被验收电缆的所有直接接地箱、保护接地箱内的情况进行拍照留底，将现场情况与审查合格后的设计图纸进行比对，防止出现现场施工与设计方案不符合情况；当接地箱位于杆塔上时，可安排上杆人员进行当场拍照取证，交由验收人员综合判断电缆金属护套接线是否正确；验收时，应利用接地电阻测试仪等检测接地箱，尤其是直接接地箱内接地引下线的接地电阻，当多次测量均发现电阻值超过 4Ω 时，应排查具体原因并落实整改措施，防止出现电缆金属护套直接接地侧接地不良导致的运行事故。

（3）在运行后带电检测过程中注意以下几点：①对于迁改、验收后的单芯电缆，按照 Q/GDW 1512—2014《电力电缆及通道运维规程》的规定，在线路投运后 1 个月内进行电缆金属护套感应电压和接地电流测试；②对于以往检测未覆盖的线路，应有序制定并推进普测计划，对于环流值处于临界值或超标的，应及时跟踪复测并排查具体原因；③结合电缆终端红外测温工作，重点关注尾管部位发现的电流致热型缺陷，排查是否由于终端所在电缆段金属护套接线方式失效导致。

第三节 电力电缆故障抢修

电缆故障抢修一般分为故障巡视、故障点确定、故障修复三个阶段。每个阶段工作开展效率的高低，直接决定了电缆故障抢修工作开展质量。

根据故障点性质不同，电缆故障可分为低阻、高阻、开路与闪络性故障，不同性质故障的定位方法有差异，现场实践时需要根据具体故障特征寻找最合适的故障定位方案[9]。

一、故障巡视

故障巡视应在电缆发生故障后立即进行，巡视范围为电缆全线或混合线路全部电缆段。故障巡视时除了关注电缆通道保护区内情况，还应关注电缆交叉互联箱、接地箱、避雷器、终端等外观情况有无异常，由于短路时“一端直接接地、另一端保护接地”电缆段的保护接地侧容易发生护层保护器击穿破损情况，应打开接地箱门进行检查[10]。

根据现场经验，故障巡视时应结合调度测距信息、故障线路结构图，对故障区间进行预判。具体测算时可按式（4-4）进行预估，以便提高电缆故障巡视效率。

$$\sum_{i=1}^{M} L_{架空,i} + \sum_{j=1}^{N} L_{电缆,j} \times 0.7 \approx L_{测距} \tag{4-4}$$

二、故障点确定

根据测试设备的结构、测试工艺以及作业环境，将故障点确定的步骤顺序如图 4-55 所示[11]。

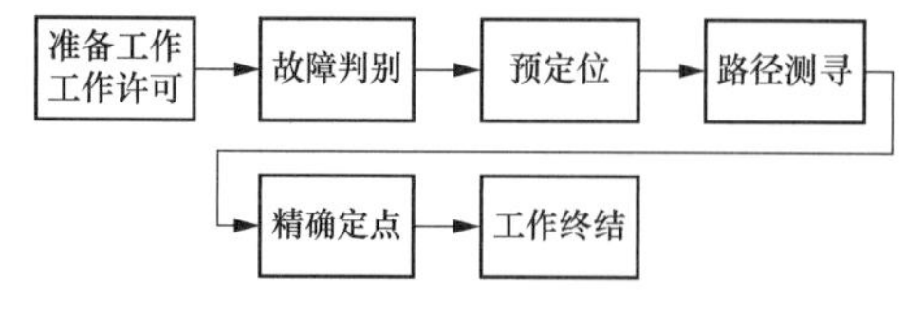

图 4-55 电缆故障判别流程示意图

故障点确定又可以分为故障性质判断、故障点预定位、故障点精确定位三个步骤。

故障性质判断时，利用绝缘电阻表测量三相电缆绝缘电阻进行测试，由于单芯电缆绝大多数故障是单相击穿类型，同时电缆长期运行后会出现主绝缘数值下降状况，因此判别时除了关注三相主绝缘绝对数值以外，还应特别重视三相绝缘不平衡度。当遇到某些特殊情况，比如当击穿点位于电缆本体上时，如果击穿通道干燥，会出现击穿点存在但主绝缘数值合格的特殊情况[12]。

故障预定位时，现场使用最多的是低压脉冲法、二次脉冲法和冲击电流法。低压脉冲法适用于低阻故障的定位，可以精确测得电缆全长和故障距离，波速一般设置为86m/us，实际应用时低压脉冲法也可以通过完好相测得电缆全长。

当故障点接地电阻较高时，低压脉冲法面临失效的问题，现场测试可转为使用二次脉冲法，二次脉冲法原理是通过施加高压脉冲信号，将接地电阻较高的故障点转为低阻故障，然后再用低压脉冲法进行测试[13]。

当故障电缆段位于积水的电缆沟道时，由于击穿点进水、无法有效燃弧，二次脉冲电压法也经常失效；当二次脉冲法失效时，现场一般会尝试使用冲击电流法[14]。

当冲击电流法也失效时，说明故障点通过单次加压无法有效击穿，这时现场一般通过短时间施加连续冲击电压，当故障点有效击穿后、立即转入二次脉冲电压测距模式，往往可以有效测试出故障距离。

故障点确定的各布置工作内容和关键点如图 4-56 所示，其中关键要点如表 4-28 所示。

三、故障修复

电缆故障修复前，如果是外力破坏导致的故障，一定要把电缆受损状况与范围排查清楚、确保修复时无遗漏，除了外观检查，可以通过外护层试验排查故障电缆其他相受损情况，通过高频局部放电排查同回通道其他回路运行电缆受损情况。

电缆故障修复时，需要在确保受损电缆段切除干净的前提下、尽量减少新增的中间接头数量，切除位置、开挖地点与范围的确定考虑电缆附件制作的便利性。

电缆修复后需要进行主绝缘、外护层测试，要求需要对电缆主芯、金属护套连接方式进行核对。

四、故障修复案例

（一）35kV 某电缆线路中间接头故障修复案例

某日 220kV 某变电站某 35kV 线路 B 相保护动作，开关跳闸，重合不成。接到调度通知后，电缆运检室立即组织人员进行故障巡视，巡视结果电缆通道沿线未发现异常。

当日电缆运检室向调度申请对线路进行停电检测。经调度许可并布置安措后，检修班在对该条线路某变电站至 1 号杆电缆段进行绝缘测试，该段电缆型号为 YJV22-26/35—3×400mm。测试结果发现该线路线从某变电站至 1 号杆电缆段 B 相存在接地故障。随后立即进行故障测距及定点工作，测距结果显示该线路电缆段全长 3300m，故障点位于距某变电站 1147m 处。精确定点确认故障点位于 006 号电缆井内 J3 中间接头处。故障实测波形和故障部位图片如图 4-57 所示。

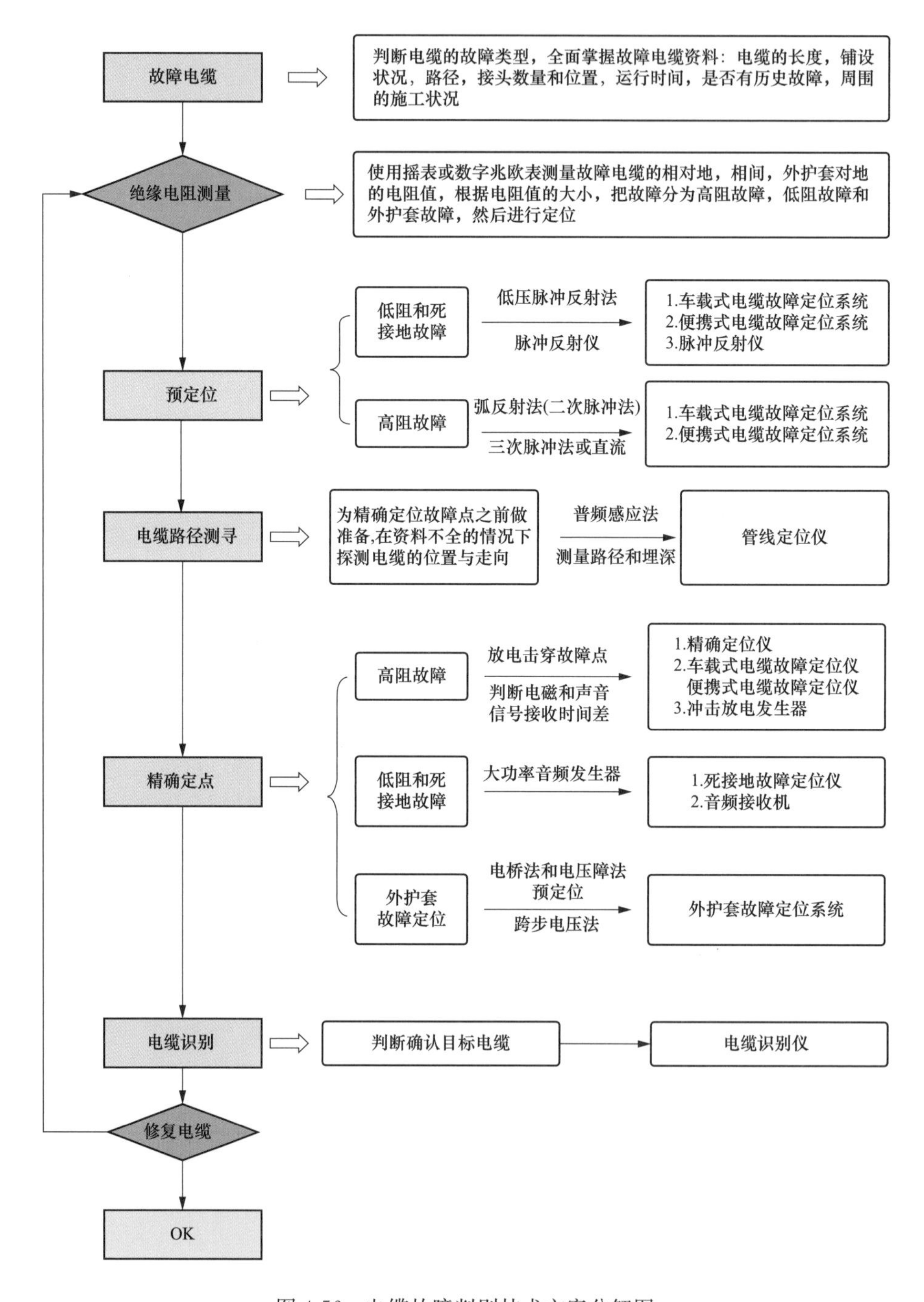

图 4-56　电缆故障判别技术方案分解图

表 4-28 关 键 要 点

序号	测试项目	测试要求	注意事项
1	准备工作	收集故障电缆的技术资料和相关参数，包括电缆型号、长度、生产厂、路径图、中间接头数量及位置、敷设条件、运行记录、预防性试验记录、历史故障记录等	仪器、仪表在试验检验周期以内
2	检查接地	检查确认电力电缆的接地系统，电缆两端金属护套应接地良好	金属护套一端接地、另一端装有护层电压限制器的单芯电缆，应将护层电压限制器短接，使这一端的金属护套临时接地
3	故障判别	1）用绝缘电阻表分别测量电缆线芯对地绝缘，当绝缘电阻值在 1MΩ 以下时，需进一步用万用表的合适档位测量其电阻值。 2）根据测量结果，初步判断故障类型：单相接地故障、两相接地故障、三相接地故障、相间短路故障；并初步判断故障性质：金属性接地故障、低阻故障、高阻故障、闪络故障、断线故障。 3）如果故障电缆对地电阻小于 200Ω，则是低阻故障，用低压脉冲法；如果故障电缆对地电阻大于 200Ω，则是高阻故障，用二次脉冲法或脉冲电流发或、直闪法、冲闪法试验	测量故障电缆对地电阻时，测量后必须充分放电，再更换测量另一相
4	低压脉冲法	金属性接地故障和接地电阻小于 100Ω 的低阻故障首选低压脉冲法测试。接地电阻大于 100Ω 的低阻故障也可以尝试脉冲法，测试效果取决于电缆的特性阻抗和衰减程度以及设备的灵敏度；可同时测量完好相和故障相的低压脉冲波形，叠加得出故障点电气距离	低压脉冲法可以测量电缆的全长
5	电桥法	1）电桥法适用于电缆有至少一相完好相，且电缆末端线芯可以短接时。测量范围取决于设备的输出电压和检流计灵敏度。超过电桥法测量范围的高阻故障和闪络性故障，可以先用恒流烧穿仪降低故障点电阻值后测量；三相统包型电缆的两相短路故障，可以把其中一故障相作为接地屏蔽体，并把另一故障相作为测试相。 2）为提高测试精度，应使用四端电阻测量法。测试时应使用尽可能短和粗的末端短接线，且连接紧固。桥臂电流应保证至少在 10mA 以上。 3）作为检验，应把完好相和故障相在电桥上的位置互换后再次测量，反接后的测试结果如果指示在同一点，则可以验证测试结果是正确可信的	
6	多次脉冲法	1）多次脉冲法适用于故障点可形成有效放电的高阻故障、低阻故障和闪络性故障。 2）多次脉冲法依赖于故障点的有效放电，由于不能形成有效的击穿放电而无法测量时，可尝试配合使用恒流烧穿仪或尝试电桥法测试。 3）当出现近端故障波形时，可更换主测试端	

续表

序号	测试项目	测试要求	注意事项
7	闪络法	1）闪络法适用于高阻故障和闪络性故障，如交接或预防性试验过程中发现的电缆故障；使用直闪法时应充分重视最初的几次闪络放电。经过几次闪络放电后，由于形成炭阻放电通道，以致不能再用直闪法测试，此时可改用其他方法测试。 2）使用冲闪法时应根据球间隙放电声音的清脆程度和测试波形判断故障点是否击穿，并通过调整球间隙距离改变冲击能量	冲闪法的波形判读应注意区别直接击穿和远端反射电压击穿的区别
8	路径测寻	使用管线路径探测仪测寻	路径探测仪应具备卡钳感应法测算功能，能够卡接在单芯电缆本体上
9	精确定点	现场使用最多的是声磁同步法、声测法； 声磁同步法适用于可形成稳定击穿放电的故障； 声测法适用于可形成稳定击穿放电的故障，冲击电压在允许范围内取较高值，击穿放电间隔以 3～5s 为宜	电缆直埋或位于排管内时，声磁同步法、声测法可能会面临灵敏度不足现象

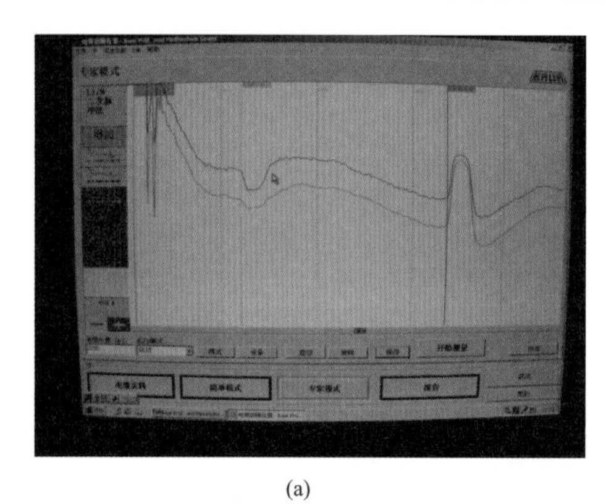

(a)

(b)

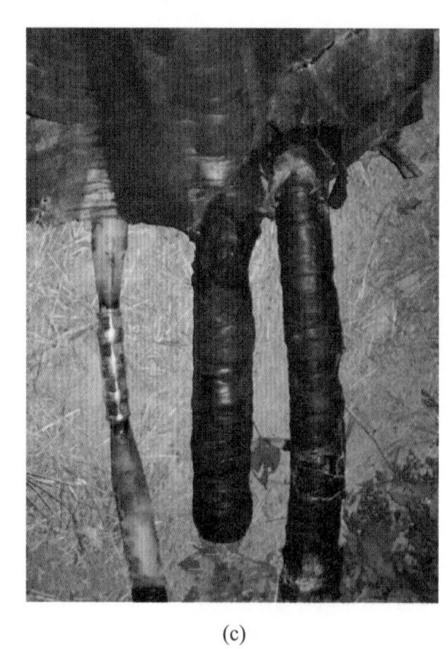

(c)

(d)

图 4-57　故障实测波形和故障部位图片

（a）电缆 B 相故障实测波形；（b）中间接头解体照片；（c）故障部位解体照片；（d）故障击穿点特写照片

现场初步判断故障原因为电缆中间接头故障，经解剖确认故障中间接头为绕包头，故障相接头压接管处绝缘击穿。电缆运检室根据现场情况制定抢修方案为：将该电缆井内故障中间接头切除，电缆三相分别嵌入1m单芯电缆对接，重新制作绕包中间接头共2套。抢修工作全部结束后，试验合格，相位正确，汇报调度恢复送电。

（二）某110kV线路电缆故障修复案例

某日，某110kV线路故障跳闸、重合不成，保护动作信息提示C相故障。得到调度通知后，电缆运检室立即组织力量对该线路的电缆部分进行了故障巡视，当日巡视人员汇报某110kV线路电缆通道保护区内无异常施工、电缆终端及接地箱等无异常。随即，电缆运检室申请将该线路改至检修状态，进行故障定位及修复。某110kV线路为混合线路，电缆线路共有三段，线路结构如图4-58所示。

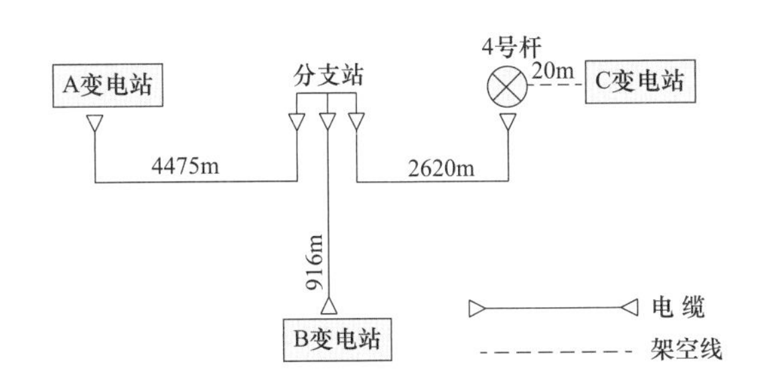

图4-58　110kV某线路结构

检修人员做好各项安措后对每段电缆分别进行了主绝缘测试，测试结果如表4-29所示。

表4-29　　110kV某线路电缆段绝缘测试结果

电缆段	A相	B相	C相
A变电站—分支站	710MΩ	670MΩ	750MΩ
分支站—B变电站	310MΩ	280MΩ	330MΩ
分支站—4号杆	130MΩ	150MΩ	215kΩ

发现110kV某线路（分支站—4号杆）C相电缆主绝缘分别为215kΩ，其他各段各相电缆绝缘数值正常；随即，检修人员在分支站侧利用电缆故障测试车进行故障测距，测得分支站至4号杆电缆段全长2605m，故障相为C相，故障点距离分支站765m。故障精确定位时在某110kV线路（分支站—4号杆）的J11交叉互联箱东侧约108m的电缆井附近听到明显放电声音。随后检修人员对110kV某线路三相电缆外护层绝缘进行测

试，发现J11中间接头至J12中间接头间电缆段的B相、C相电缆外护层绝缘数值很低，提示该段电缆B、C两相外护层受损。

综合现场故障定位与外护层绝缘测试结果，制定现场抢修方案为对于110kV某线路C相电缆，更换J11接头井至J12接头井间248m长的电缆，在J11接头井、J12接头井各做绝缘式中间接头一套；对于某110kV线路B相电缆，更换从J11接头井至图4-60中西侧电缆井间的约108m长电缆，在J11接头井重新做绝缘式中间接头一套、在西侧电缆井新做直通式中间接头一套。

投运后，电缆运检室组织对该电缆线路进行了终端红外精确热成像测温、以及电缆高频局放检测，未发现异常。

第五章

电力电缆智能运检技术应用

第一节 电力电缆精益化管理平台

一、设计背景：输电电缆传统管理模式的局限性

改革开放40多年，中国经济高速发展，全网输电设备规模以年均超过5%的比例增长，高压电缆保持年均约10%的增长速度。随着城市电缆“落地”的逐步实施，地下电缆通道的长度及数量将会越来越大，同时部分电缆设备也逐步到了设计使用寿命的中后期。传统的运维方式不仅需要大量的人力投入，越来越多的运检任务和越来越高的用人成本已经使传统的运维模式不再满足基层的需求，因此需要研究新技术、新手段来辅助运检，提高运检效率和运检质量。

二、设计目的

电缆有其特殊性，隐蔽于地下不可见，同时与多种地下管线共存，因此日常运维首要任务是要理清电缆的位置信息以及运行环境的隐患。电缆安全运行的威胁主要来自挖掘机、重型车辆等造成的外力破坏，随着地铁建设和房地产开发迅速，大型施工较多，外力破坏对于线路的影响是非常巨大的，不管是自然外力还是人为外力都给输电线路安全运行带来了巨大的威胁，给国民经济和人民生活造成了严重影响，在外力破坏日益严重的形势下，有效减少外力破坏对电缆线路的影响，是系统设计的重点。

系统设计需按照资产全寿命周期管理要求，从提高设备可靠性和电网安全性、提升输电能力、降低寿命周期内成本等各方面进行比较，互联互通系统内数据关系，在提高工作效率的基础上满足日常运维需求，满足高效、稳定性、可靠性、安全性、可扩展性、可管理性的要求。

三、设计方法

（一）设计原则

系统设计应以提高工作效率、优化人力资源为目标。从管理目标出发，分析自身管理的需求，逐步导出系统的战略目标和总体框架。设计整体上应着眼于部门管理，兼顾各班组、各业务层的要求。设计中涉及的各信息系统架构要有整体性和一致性，可采用自上而下的规划方法。

（二）设计流程

系统设计流程大致包括以下几个步骤：

（1）分析信息化现状，对现有的信息系统组织架构和运行情况进行评估；

（2）制定信息化战略，明确信息化的总目标和相关任务，定义好信息化系统在管理中起到的作用，并制定相应的信息化工作制度和方法；

（3）系统规划方案拟定和总体框架设计，包括技术路线、实施方案，运行维护方案等。

四、总体架构

（一）系统建设架构

系统架构图如图 5-1 所示。

1. 基础层与感知层建设

基于数据安全及保密的相关要求，具备有线形式接入的设备采用有线形式接入，不具备条件的，按照相关规定采用加密方式的无线 4G 或 5G 进行传输。

各监测点位配备相应的监测传感器，通过安全接入的方式与基础层进行数据互通互联，对采集到的数据可按要求进行分析处理，也可与其他平台对接，提供数据来源。

2. 平台层建设

平台可以采用数据中台的理念打造，既可以自主统一收集数据、集中管理设备，也可以各监控点位为单位对接其他平台，为相关应用的实现提供技术支撑。同时，为平台增加大数据分析及图像识别等算法库，可根据高压电缆运维管理规程及相关运维经验对采集到的数据进行智能分析，有效提高运维管理的效率和质量。

3. 互联云平台架构（监控子站）

平台最好为综合性物联平台，采用端到云的全栈微服务模式，包含设备接入、设备管理、物联模型、规则引擎、消息管理、时序数据库、数据回馈等七大子系统，建议具备百万级设备接入能力，同时可以监控子站为单位北向提供数据上传，提供极速、安全、高性价比的智能物联网服务。

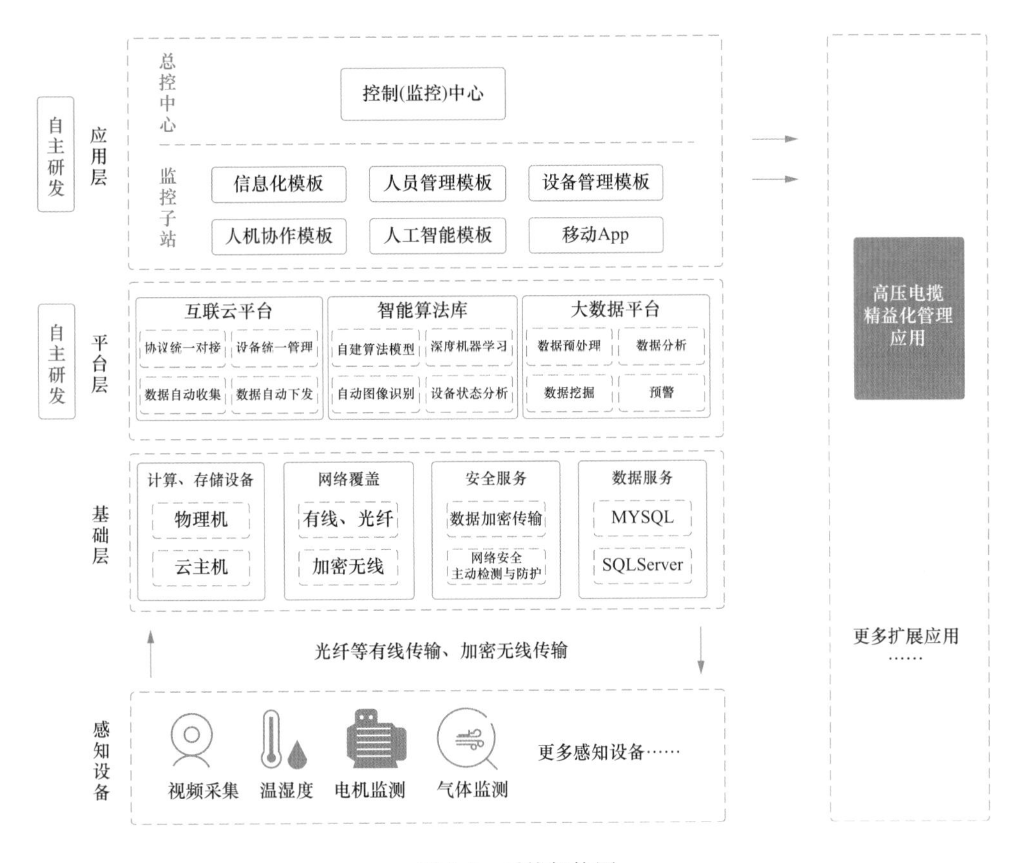

图 5-1 系统架构图

4. 大数据分析平台

如图 5-2 所示，系统不单纯是一个监控管理系统，还应该对各类采集到的数据进行收集整理和分析运算，将工作人员需要的结果直接呈现，可大大提升效率，节省人工。同时，经过一段时间的数据积累，还可对采集到的设备运行数据进行分析，最终实现设备的健康状况评估与故障预警。

5. 智能算法库

在图像识别算法方面，通过自主研发的算法模型，由计算机自主提取特征，可采用 87 层的深度神经残差（DCNN Residual）网络，识别准确率达 99%以上。

在导航算法方面，可结合多种定位、避障手段，研发综合导航算法，实现无卫星信号下的长距离导航。还可以根据不同客户的应用场景快速形成有效的应用，如手持终端人员导航、机器人导航等。

图 5-2 大数据分析平台架构图

6. 应用层建设

结合高压电缆运维管理工作中的痛点，打造各个应用模块，能够解决运维工作中的大部分问题，同时，各模块运行相对独立，单个模块即可独立形成产品进行推广应用。

各监控子站的数据汇总至监控中心，形成监控云图，并可对子站的应用模块进行调用，形成监控闭环。同时该平台成功地完成了以往运维数据的导入，实现了新老数据的无缝衔接。

（二）系统功能架构

系统功能架构如图 5-3 所示。

五、功能设计

进行系统设计时，必须把所要设计的系统和系统的使用场景共同考虑，从总体系统的功能、输入、输出、环境、程序、人的因素、物的媒介各方面综合考虑，设计出整体最优的系统。进行系统设计应当采用分解、综合与反馈的工作方法。首先要分解为若干功能模块，在这一过程中，从设计计划开始到设计出满意系统为止，都要进行分阶段及总体综合评价，并以此对各项工作进行修改和完善。整个设计阶段是一个综合性反馈过程。

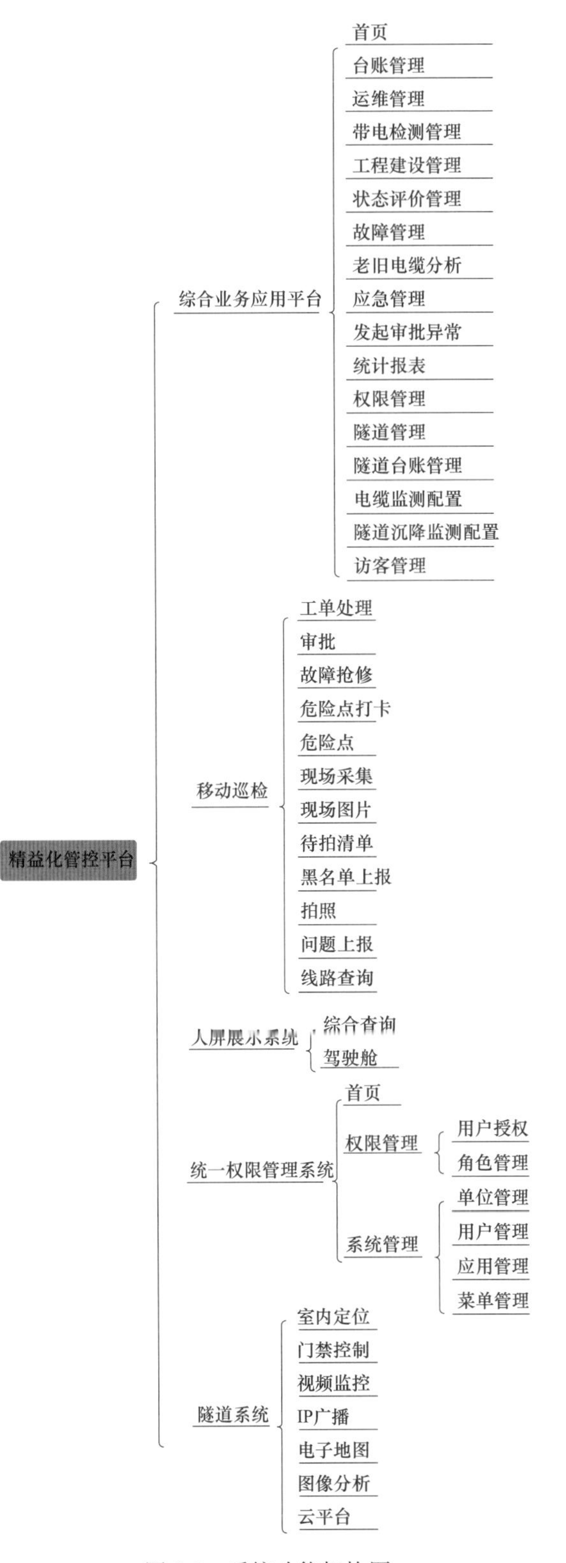
精益化管控平台
综合业务应用平台
首页
台账管理
运维管理
带电检测管理
工程建设管理
状态评价管理
故障管理
老旧电缆分析
应急管理
发起审批异常
统计报表
权限管理
隧道管理
隧道台账管理
电缆监测配置
隧道沉降监测配置
访客管理
移动巡检
工单处理
审批
故障抢修
危险点打卡
危险点
现场采集
现场图片
待拍清单
黑名单上报
拍照
问题上报
线路查询
大屏展示系统
综合查询
驾驶舱
统一权限管理系统
首页
权限管理
用户授权
角色管理
系统管理
单位管理
用户管理
应用管理
菜单管理
隧道系统
室内定位
门禁控制
视频监控
IP广播
电子地图
图像分析
云平台

图 5-3　系统功能架构图

（一）台账管理

台账管理是整个系统的基础，电缆由于其特殊性，分为电缆和通道两部分。按照验收收资及日常运维所需设计字段，其中电缆主要包括电缆段、终端、中间接头、接地箱；通道包括杆塔、变电站、分支站、工井、通道等字段。线路和通道通过断面孔位信息相关联，线路通过穿线即可关联线路经过的所有工井，线路路径自然形成。系统界面如图 5-4 所示。

图 5-4　线路详细信息界面

（二）运维管理

运维管理根据班组需求主要有巡视管理、缺陷管理、隐患管理、保电管理、状态评价管理。

（三）巡视管理

每条线路设置相对应的巡视人员、巡视周期、第一责任人，系统即可自动下发周期性巡视任务。巡视管理界面如图 5-5 所示。

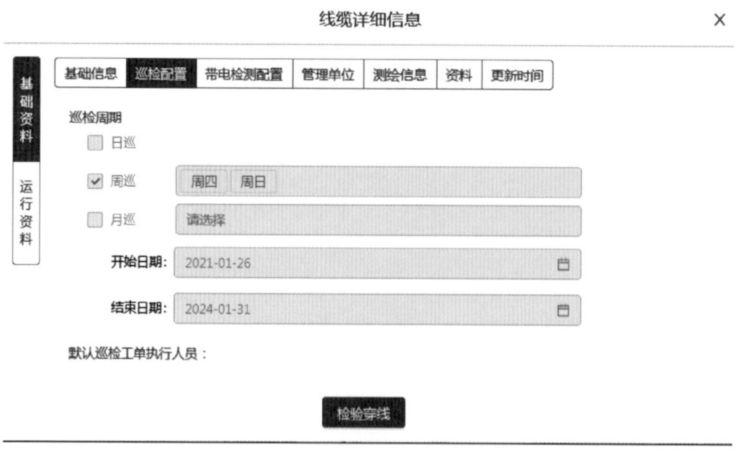

图 5-5　巡视管理界面图

巡视人员在 App 端接收到工单后，按照线路走向开始通道巡视，巡视过程中可随时上传现场照片（照片自动记录照片拍摄所在位置及拍摄时间），上报缺陷隐患（包括具体位置定位及对应的设备信息）。App 端巡视管理界面如图 5-6 所示。

图 5-6　App 端巡视管理界面图

运维人员可以每日查看巡视人员工单完成情况，系统自动计算巡视匹配率。工单完成情况界面如图 5-7 所示。

使用人员也可以通过图片地图查看巡视过程中的照片，界面如图 5-8 所示。

（四）缺陷管理

在巡视过程中，进入缺陷上报界面，可以编辑“所属线路、缺陷部位、缺陷类型、缺陷等级、描述”等内容，上传照片后点击“提交”上报，缺陷上报后自动生成一条缺陷审批单，进入缺陷审核流程。审核流程界面如图 5-9 所示。

线路	工单编号	工单类别	计划执行时间	实际执行时间	执行人	工单执行结果	工作轨迹/匹配率	操作
	XJ2021-07-14-0199	巡视工单				正常	查看轨迹　31%	工单详细
	XJ2021-07-14-0198	巡视工单				正常	查看轨迹　55%	工单详细
	XJ2021-07-14-0197	巡视工单				正常	查看轨迹　100%	工单详细
	XJ2021-07-14-0196	巡视工单				正常	查看轨迹　100%	工单详细
	XJ2021-07-14-0195	巡视工单				正常	查看轨迹　94%	工单详细
	XJ2021-07-14-0194	巡视工单				正常	查看轨迹　98%	工单详细

图 5-7　工单完成情况界面

（五）隐患管理

进入施工隐患上报界面，可以编辑“所属线路、施工内容描述、施工范围绘制、施工单位、施工开始时间、竣工时间、施工单位及联系人”等内容，上传照片后点击“提交”上报，施工隐患上报后自动生成一条通道施工危险源审批单，进入危险源审批流程。隐患管理界面如图 5-10 所示。

图 5-8 图片地图查看巡视过程中照片的界面

图 5-9 审核流程界面

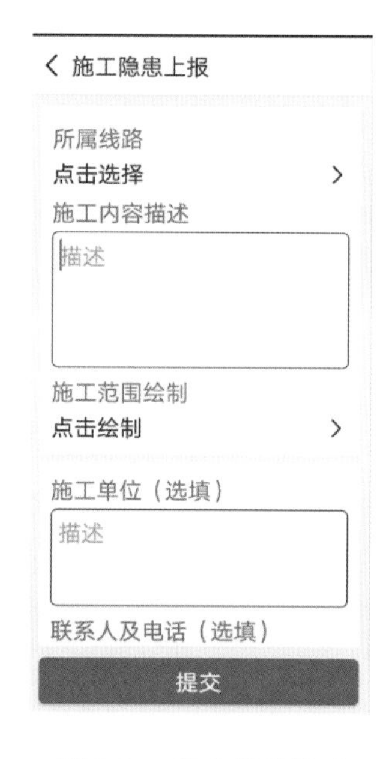

图 5-10 隐患管理界面

列表显示所有危险点（即通过审核后的施工隐患），可以设置危险点巡视配置，从而生成危险点巡视工单。提供“巡视记录查看、一患一档信息查看、资料维护、监察记录查看以及审核状态查看”按钮。危险点界面如图 5-11 所示。

（六）保电管理

根据保电等级设置巡视频率，包括线路巡视频率以及带电检测巡视频率。保电管理界面如图 5-12 所示。

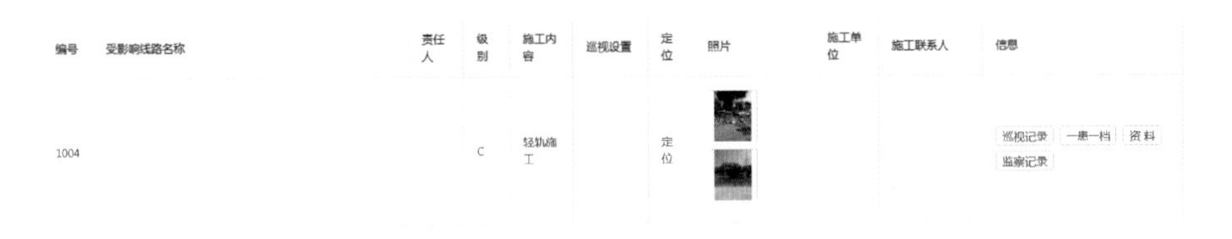

图 5-11　危险点界面

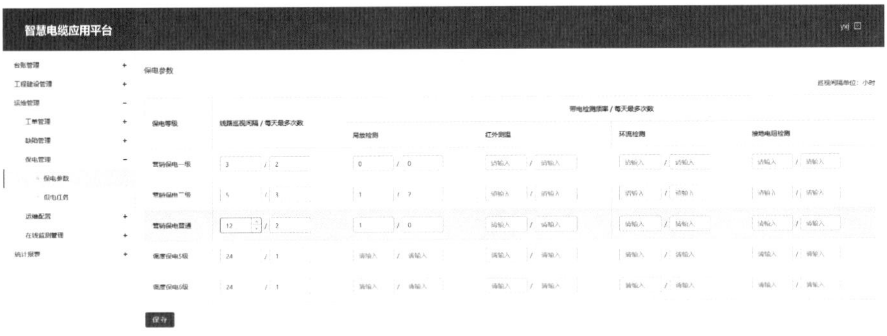

图 5-12　保电管理界面

提供新增、修改功能，点击“执行记录”可以查看该保电任务下已完成工单的详细情况。系统会根据每个任务的保电等级参数设置，提前一天自动生成保电工单。保电任务界面如图 5-13 所示。

图 5-13　保电任务界面

（七）状态评价管理

设置评价相关的信息，包括电缆线路评价标准、状态量权重、状态量评价表、评价周期等内容。

线路评价标准界面：可以设置所有部件（即缺陷位置）不同状态下的扣分阈值，包括正常状态、注意状态、异常状态、严重状态 4 个电缆状态。线路评价标准界面如图 5-14所示。

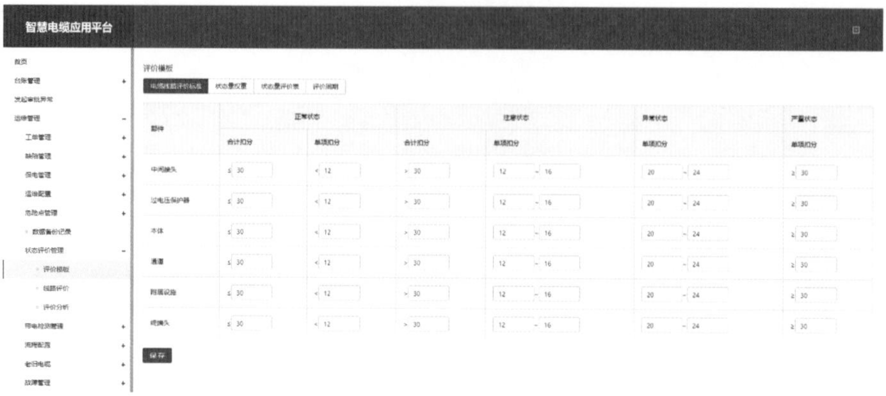

图 5-14　线路评价标准界面

状态量权重界面：可以设置不同缺陷类型下的状态量及权重值。状态量权重界面如图 5-15 所示。

图 5-15　状态量权重界面

状态量评价表界面：根据不同劣化程度，设置不同权重下的扣分值。状态量评价表界面如图 5-16 所示。

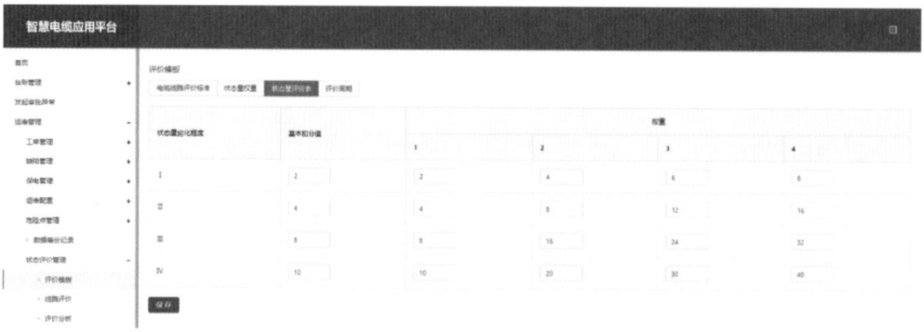

图 5-16　状态量评价表界面

评价周期界面：可以设置线路评价周期以及提醒时间。评价周期界面如图 5-17 所示。

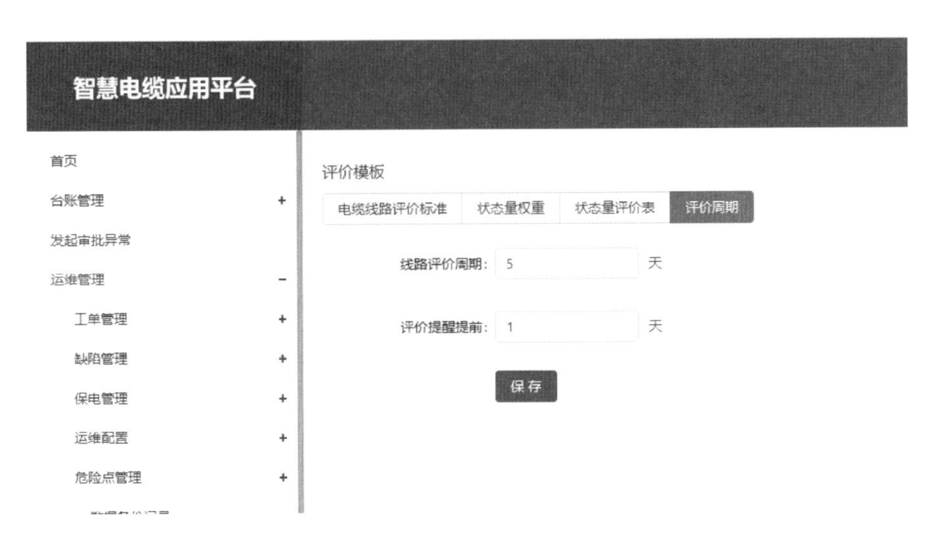

图 5-17　评价周期界面

（八）检修管理

检修管理根据班组需求主要有带电检测管理、故障管理。在选择线路点击“配置”按钮，跳到线路的带电检测配置页面，可以设置巡检周期及执行人员。带电检测配置界面如图 5-18 所示。

图 5-18　带电检测配置界面

设置完成后，系统会根据设置的检测周期自动生成带电检测工单。列表显示所有已完成的带电检测工单检测记录。带电检测记录界面如图 5-19 所示。

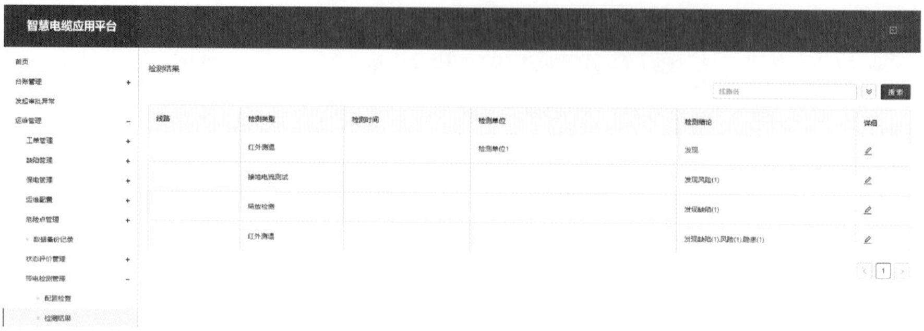

图 5-19　带电检测记录界面

点击“编辑”按钮。跳转至工单详情页，可以查看带电检测工单详情，包括线路的基本信息、检测相关信息、环境信息以及上报的缺陷信息等。带电检测工单详情界面如图 5-20 所示。

图 5-20　带电检测工单详情界面

（九）故障管理

可以进行故障登记操作，同时显示 App 端上报的故障信息。显示的故障信息字段内容包括所属线路、故障发生时间、位置、故障类型、处理进度等信息，提供修改功能。故障管理界面如图 5-21 所示。

点击“故障登记”按钮，弹出故障编辑页面，选择所属线路、故障位置、发生时间、故障类型、原因等信息，并且在抢修信息界面选择抢修人员后点击保存即可。创建完的故障可以在 App 端查看并操作。故障登记界面如图 5-22 所示。

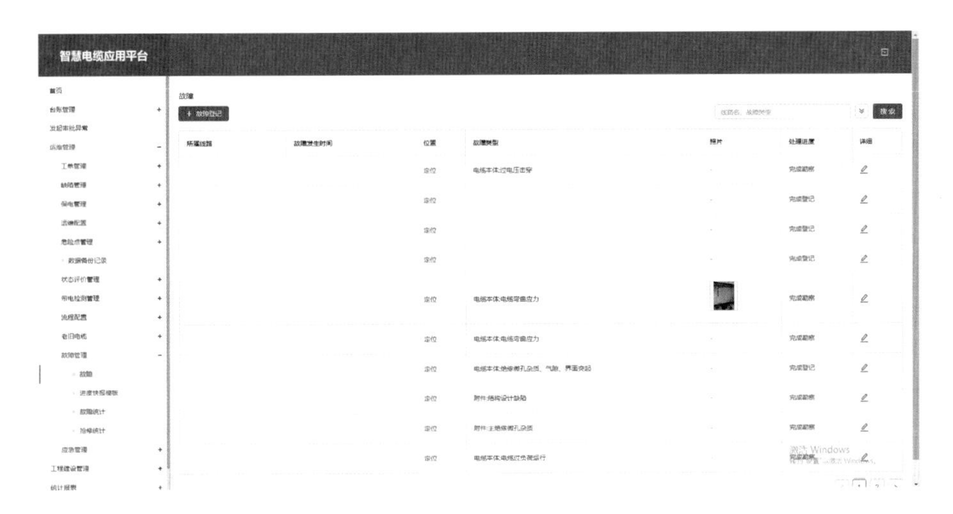

图 5-21　故障管理界面

图 5-22　故障登记界面

多维度展示故障统计情况，包括按故障类型趋势统计、按故障原因趋势统计以及按线路统计故障次数统计等。故障统计界面如图 5-23 所示。

（十）隧道管理

隧道是最复杂的电缆通道结构，由于深埋地下、电力设备密集、潮湿、通风性差、通信信号弱，存在较高的安全风险，难以保证隧道内电缆线路及附属设施的安全、稳定运行，尤其突发事故情况下隧道内巡检人员存在较高的安全风险。

隧道管理应统一管控原则建设，纳入系统管控的隧道可以动态定义，当有新隧道需要加入系统时，除在中控新增隧道基础资料外，同时在新隧道内部署隧道内的相关服务即可实现将新隧道加入本管理系统。

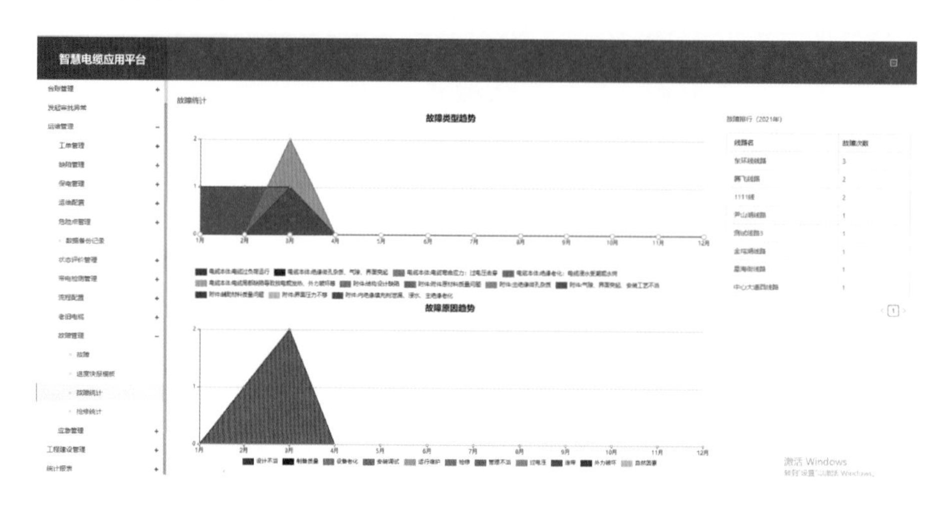

图 5-23 故障统计界面

总体架构采用分布式架构设计，主要由中控端及隧道端组成。采用 B/S 架构，隧道内部署设备网关、门禁服务、视频监控服务、定位服务以及 AI 服务，实现对隧道内环境数据采集、设备的数据采集及控制、视频采集、室内定位的功能，采集的数据会自动上传至中控端。中控端主要实现了数据分析及报警、设备台账管理、无纸化运维工单管理、视频监控及物联设备模型管理。

（十一）其他模块

根据实际应用需求还可以设置其他模块，例如流程管理模块，可对审批流程自定义，方便在使用过程中根据实际使用效果及时更改维护相关流程；施工单位黑名单，提供上报现场不按照施工单位施工或是暴力施工的单位，提醒后续危险点管理中重点关注；统计分析等诸如此类更贴近实际需求的模块。

六、运行维护

运行维护是系统生命周期最重要也是最长的一个阶段，要保证系统安全、平稳的运行需要按照业务要求及时排除故障，发挥系统的效能，也需要完善的管理机制使得系统能够平稳、持续的运行。

系统运维主要包括以下几个方面：包括服务器及存储设备硬件、计算机主机硬件、移动终端设备等硬件维护；保证信息系统相互通信和正常运行的网络组织，包括防火墙、交换机、网线等网络维护；根据实际使用及时修复 bug，改善用户体验的应用软件维护等。

运维管理主要指制定与系统相匹配的管理制度，监督检查系统的使用情况，保证系统切实发挥功能效应，例如巡视管理中，系统设定可上传巡视路径中照片，分为通道、工井、接地箱、终端几种种类，相对应的就应该设定各个种类照片拍摄的周期以及拍摄要求，根据巡视的照片可以核对台账信息，也可以对终端等设备做长期观察的档案，使得巡视工作的效益最大化。

第二节　电力电缆在线监测技术应用

电缆通道是城市电缆安全运行的重要保障，在电网安全运行中具有重要地位，随着城市化建设的加快，电缆通道数量日益增多，对于电缆管理部门的运维压力也逐渐增大，在前期电缆通道工作中，发现电缆通道，特别是隧道存在通道环境监测不完善、设备本体状态不完善等诸多隐患。传统的电缆运维方式不能适应当前电网结构，电缆缺陷不能及时发现处理，野蛮施工导致的外破事故难以避免[15]。

因此为提升电缆运维管理水平，基于各类先进智能状态感知技术的应用，推进电缆本体状态及通道内外部环境监测体系建设。通过光纤测温、接地环流等在线监测系统，开展电缆本体状态实时感知与分析诊断。通过水位、温湿度、消防、有毒有害气体、结构沉降、带图像识别的高清视频、振动光纤等监测技术应用，逐步实现部分公司电缆通道内外部环境的实时监控[16]。

电缆通道在线监测系统主要包括：护层接地电流监测系统、电缆本体分布式光纤测温系统、电缆振动监测、电缆运行和故障行波监测、环境监测系统（至少要包括水位、有害气体、温度、氧气、水泵监测、风机监测、照明监测等）、视频监控系统、无线通信系统、沉降监测系统。

一、分布式光纤测温系统具备的功能

分布式光纤测温系统将光纤作为温度传感器及信号传输通道，相比于传统监测传感器，光纤具有测量精度高、抗电磁干扰能力强、保密性强、传输距离远等优点。光在光纤传输过程中会因不同微观变化产生不同的散射，如瑞利散射、布里渊散射和拉曼散射，分别对应不同的波长，因此散射光与光纤发生的温度、应力、应变等物理变化有关，通过测量由光发出到散射光返回的传输时间即可计算得出温度、压力变化点距离测量点的距离，从而实现光纤沿线的温度、应力等环境变量监测。光纤中发生散射的距离可通过计算得出：$L=\Delta t \cdot c/2n$，其中，Δt 为由光发出到散射光返回的传输时间，c 表

示光速，n 为光在光纤中的折射率。

基于光纤的以上特性，分布式光纤测温系统能够实现以下功能：

（1）实时数据显示：显示当前采集得到的实时温度，呈现监测的所有回路的布局图；显示各回路报警指标的当前的量值，并以颜色表征被监测回路的温度，实时显示各点温度随时间变化曲线和温升尖峰曲线。

（2）实时显示线路上的温度变化的分布曲线，计算变化的时间步长分别为日，小时和 DTS 实时周期。

（3）具有连续测温功能，能检测电缆及其电缆隧道温度变化情况，通过在软件中设置报警值，写入测温主机，每个通道可以设置多个独立报警分区，能局部重点监测；每个报警区域能设置如下火灾报警类型和故障报警类型：温度高于设定值报警、温度上升速率大报警、温度与平均温度差值大报警、光纤断裂故障报警及系统测温设备异常故障报警；出现报警信号时，自动弹出报警画面和故障信息，可以切换到报警所处区域的分布图，并详细显示故障区域的报警指标；所有的报警信息均被存入数据库。

（4）测量：能对测量区域在长度上进行分区，对某些区域进行局部重点监测。故障统计界面如图 5-24 所示。

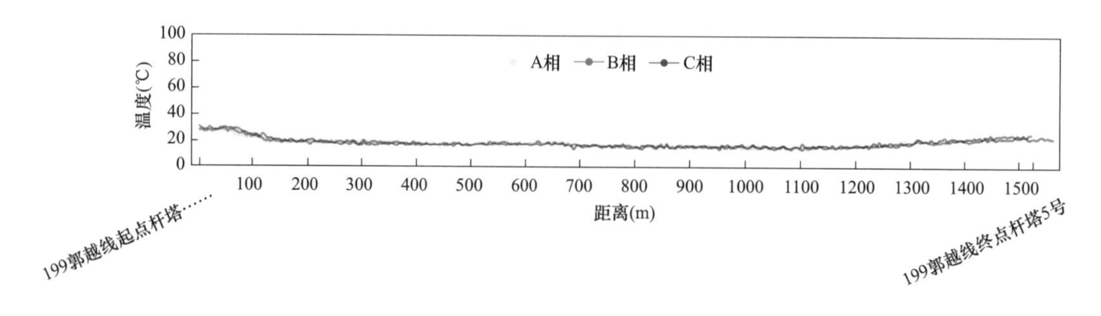

图 5-24 电缆本体温度分布图

二、护层接地电流监测系统

通过对高压电缆接头处加装集成式护层电流采集器，可实时监测高压电缆的每个高压电缆金属护层接地点的 0～200A（AC）范围的实时电流参数，取代传统人工方式的定期接地电流巡测[17]。高压电缆线路正常运行的情况下，当接地电流值产生突变减小或为零时，接合电调情况，有效判断接地箱被盗或接地线被盗割；同时可对接地电流幅值设置若干判别标准，当接地电流幅值越限时及时发出报警信号，及时消除接地系统存在的缺陷，保障电缆线路安全运行。同时系统还具备链路检测功能，系统定期对下位机及线路中的设备进行巡检，自动诊断链路故障，保障监测回路的完整性和可靠性[18]。护层电流监测数据如图 5-25 所示。

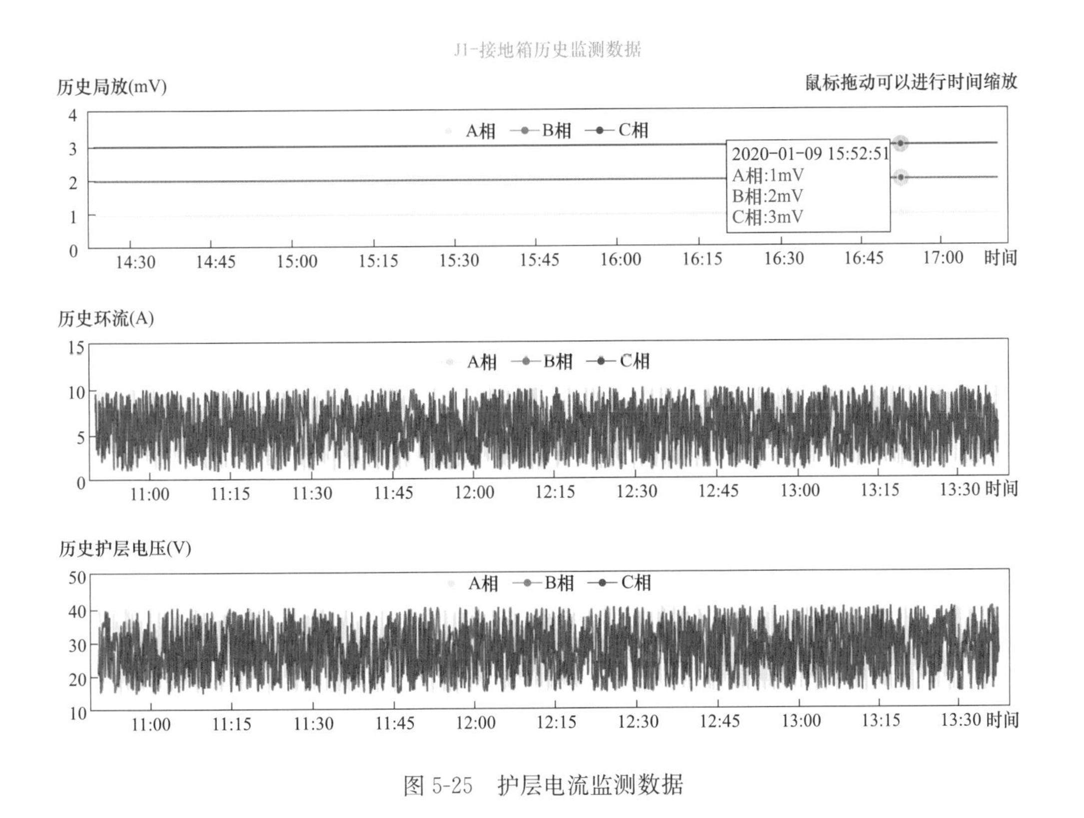

图 5-25 护层电流监测数据

三、通道环境监测系统

电缆通道属于有限空间，应用通道环境监测系统对电缆隧道内有害气体、空气含氧量、液位、风机、照明、水泵、井盖等环境参量进行监控，可有效实时监测隧道内情况。可实现以下功能：

（1）系统实时监测隧道内的氧气、一氧化碳、甲烷、硫化氢等气体含量，当气体含量超过一定标准时，系统立即报警，并可在自动模式下联动相应区域风机进行强制换气。

（2）系统实时监测隧道集水井水位超限信号，并根据水位超限信息进行水泵控制操作，即当水位超过设定标准时立刻启动或者停止水泵，确保隧道内的电缆不会长期被水浸泡腐蚀，同时监控水泵状态防止水泵干抽而导致的水泵损坏。

（3）系统具备环境参量超标自动告警功能，并通过监控平台以图形、语音、短信等方式进行报警与通知相关人员。

（4）隧道环境监测系统检测到湿度异常报警等时，可联动相关区段的风机进行强制换气。

（5）当工作员站（集中监控平台）接收到非法入侵报警或者其他监测系统报警，需要辅助摄像头做现场确认时，可远程开启隧道现场照明设备，同时联动视频摄像头监测相应分区。环境监测面板如图 5-26 所示。

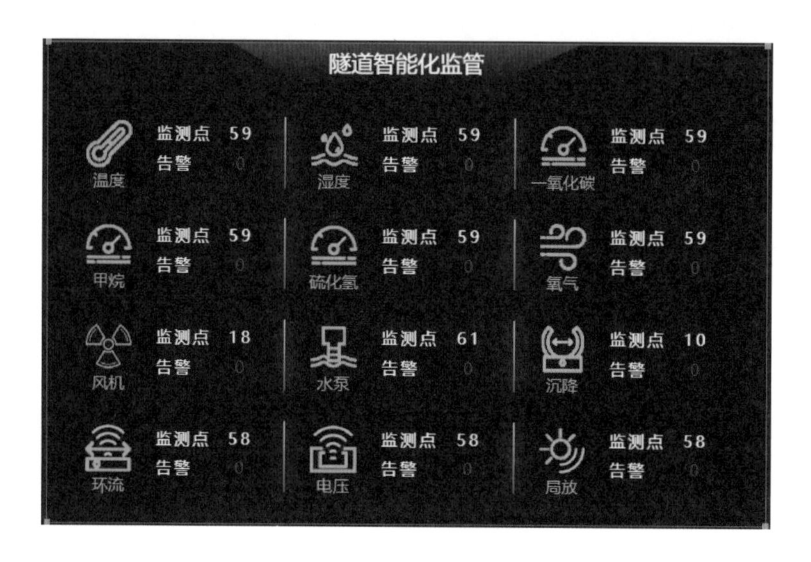

图 5-26　环境监测面板

四、视频监控系统

电缆通道视频监控系统具备视频监视与控制功能，能够在现场环境条件下对隧道内部环境、隧道出入口门、隧道拐弯处、隧道出入口、电缆接头等重要位置进行 7×24 小时连续不间断全方位的图像监控。可实现以下功能：

（1）电力隧道智能视频监控系统除了具备数字化视频监控系统自身的视频采集、存储、报警、联动等基本功能外，还具备图像分析处理能力，对于进入禁区的非法闯入行为自动报警。

（2）系统具备远程控制视频的功能，对隧道视频摄像球机的 PTZ（Pan/Tilt/Zoom）进行控制，以便于管理值班人员清楚了解整个隧道及出入口的基本情况，并及时获得意外情况的信息。

（3）系统可对所有视频监视信号的数字化存储，在回放的同时不影响正常录制，图像保存时间不小于 30 天，以便日后备案和查询使用。

（4）系统通过综合监控平台与其他系统联网，参与门禁监控系统、入侵报警系统、应急通信系统和火灾报警系统等的相关联动。

（5）系统平常详情监视为任意断面监视，当有异常信息时，系统自动弹出画面，或根据人工要求在指定大屏区域显示（通过操作键盘也可任意切换所需画面）。系统通过控制室安装的组合显示大屏组，对隧道情况实施全范围显示。

（6）当系统检测到非法入侵、水位报警或者火警发生时，系统能够开启相应区段的照明，并将该区段的视频画面切换到监控大屏显示。

（7）系统所有摄像机图像均被赋予编号与日期、时间，并进行数字式存储录像，回放图像分辨率不小于1280×720，帧速不低于25帧/s，在回放的同时不影响正常录制，图像保存时间不小于30天，以便日后查找使用。隧道视频监控如图5-27所示。

图5-27 隧道视频监控

五、无线通信与人员定位系统

此功能模块可从工作人员的授权开始，到工作过程跟踪、记录、分析，到工作人员安全管控等，对人员形成三维一体的立体化管控。

工作人员的工作区域授权由工作任务自动下发至对应的人脸识别门禁，工作人员刷脸通过门禁。同时还可引入隧道出入登记管理功能，图像识别算法将对每个隧道内摄像头采集到的视频画面进行实时分析，实时抓拍、识别每个进入工作区域的工作人员，一旦发现异常人员（未登记等）将会触发报警。

工作人员在进入工作场所登记人脸后还需要绑定和佩戴定位手环，定位系统将实时记录工作人员的移动轨迹数据，并与其他相关数据进行匹配计算，综合监管其工作过程。另外，定位系统也将与视频系统联动，一旦发现定位数据与视频抓拍到的人员位置不一致，也将触发相应的报警。

针对工作人员的安全方面，定位手环可根据心率等指标进行自主判断，一旦发现异常将触发报警求救，另外，定位手环也支持主动报警呼救功能。针对工作场所内的危险区域或重要管控区域，系统还可实现电子围栏功能，可及时提示靠近的非授权人员离开，同时也将触发监控中心报警，提示监控管理人员处理。

此功能模块还支持运用环境传感器对工作区域进行环境监测，如发现异常将会及时报警，或根据人工授权发出远程控制命令，完成一定的事件预处理，全方位保障工作人员安全。访客管理及人员定位模块如图 5-28 所示。

图 5-28 访客管理及人员定位模块

六、沉降监测系统

在隧道内部署静力水准仪，用于监测隧道本体结构的位移，所有静力水准仪监测到的数据通过隧道内光纤环网汇总至监控子站，系统可记录并生成偏移量变化图，运维人员能够及时了解电力隧道沉降趋势，当偏移量超出标准时将触发报警，提示运维人员处理，防止因隧道结构变化而导致的各种损失。隧道沉降监测如图 5-29 所示。

七、电缆振动监测系统

（一）防外力破坏监测系统原理及优势

光纤振动传感器是一种新兴的高灵敏度传感系统，逐步应用于城市通信线路、电力通信管道等线型系统的安全监测和破坏预警，可直接利用原系统的通信光纤作为传感和信号传输介质，对光纤周边环境的振动信号进行探测、定位并发出报警[19]。

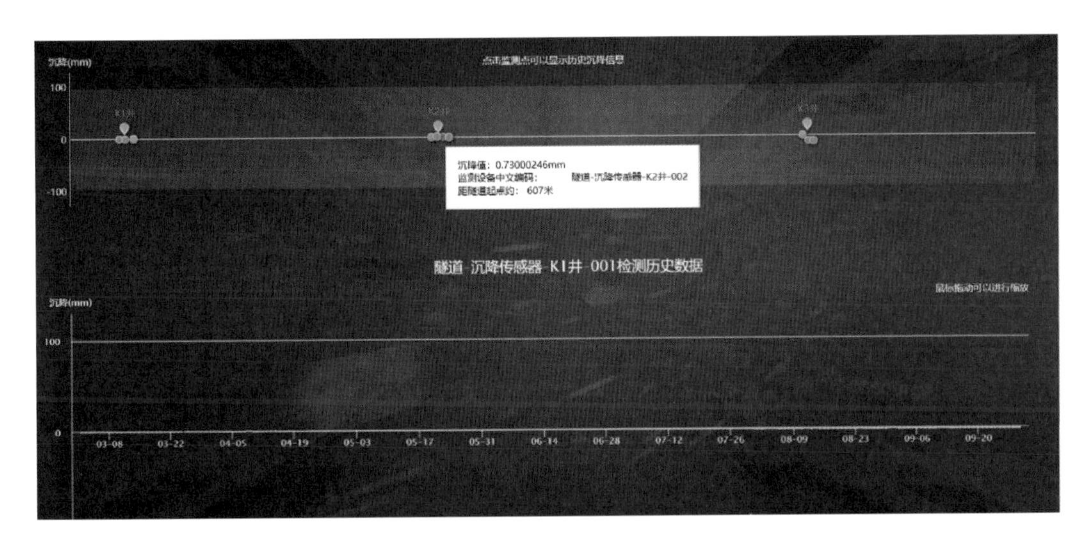

图 5-29　隧道沉降监测

防外力破坏监测系统的感应部件为传感光缆，通过对其触碰、挤压、和振动的快速感应可以对其触发行为进行监测。传感光缆能够保证正常使用而不受外界气候和恶劣环境的影响。当光信号输送进光纤时，系统软件探测器会处理接收到的光信号的相位，当传感光缆受到触碰或振动的干扰时，光信号的传输模式就会发生变化[20]。光纤中传输的光正常状态及受干扰状态传播方式的图形比较如图 5-30 所示。

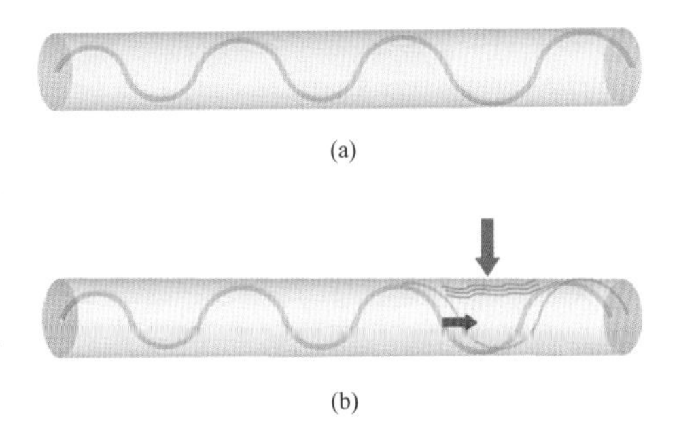

图 5-30　光纤中传输的传播方式

（a）正常状态下的光路波形；

（b）挤压、触碰、干扰情况下光路波形发生偏移

光纤在受到外来触碰、振动、或挤压会导致形态干扰而产生光信号相位的改变。系统软件接收器对相位改变进行探测，可探测干扰的强度和类型，这种基于光的反射与干涉原理的定位型监测技术称为 Φ - OTDR 技术。对探测到的信号进行处理，判别干扰是否符合触发“事件”的条件，并对干扰对象准确定位，从而对可能造成破坏的外部威胁进行提前预警。

系统在整条电力通道区间可能探测到多种不同的振动事件，通过对常见的干扰和机械侵害等破坏性事件进行有效分类和识别预警，并对非破坏性振动事件进行屏蔽和滤除，可提高振动安全预警的准确率。不同扰动下光路波形如图 5-31 所示。

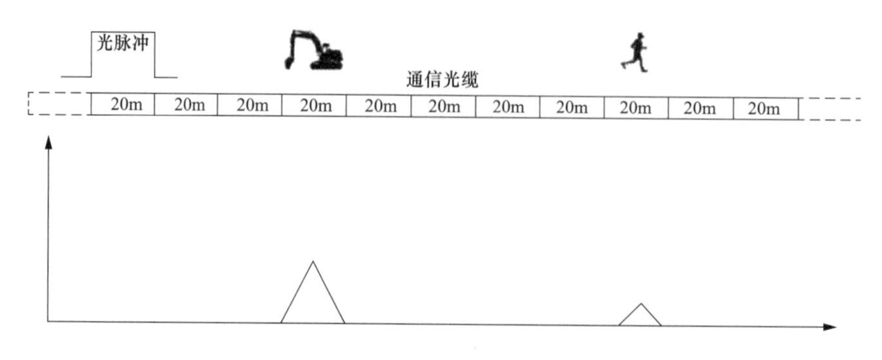

图 5-31 挤压、触碰、干扰情况下光路波形发生偏移

系统在整条通道区间可能探测到多种不同的振动事件，通过对常见的人为挖掘和机械施工等破坏性事件进行预警，并对汽车通行等非破坏振动事件进行屏蔽和滤除，可提高振动安全预警的准确率。不同扰动下检测结果如图 5-32 所示。

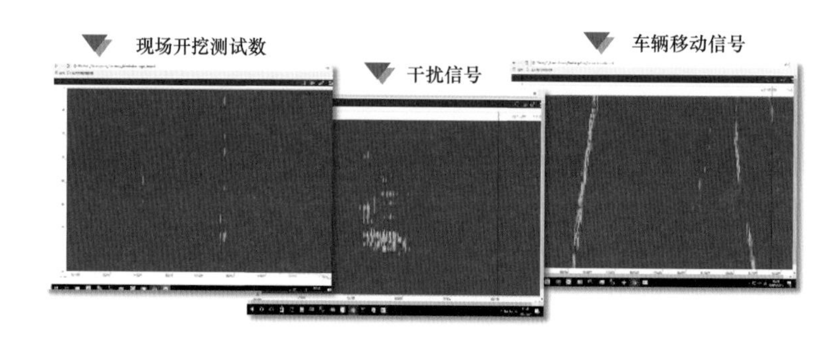

图 5-32 不同扰动下检测结果

（二）光纤振动防外破系统具有以下优势

（1）连续分布式测量：可实现多点多事件同时监测，且互不影响。

（2）灵敏度高，精度高：系统参数根据环境配置，可直接使用标准通信光缆，监测区域根据现场划分。

（3）丰富的模式识别：后台模式识别，经过模式分析准确判定入侵事件。

（4）极佳的稳定性：可在风雨、雷电等危险及恶劣环境中使用，抗误报性强，公司出厂的所有产品，都会经过多轮高低温、交变湿热的环境测试，以确认适应各种恶劣环境。

（5）电磁绝缘性极好，不受电磁干扰，本质防雷：定位型光纤振动预警系统使用的光纤其材质是石英，完全绝缘，不受雷击影响；光纤中传输的激光脉冲的频段远远高于电磁场的频段，完全不受电磁干扰，因此即使在强电磁场环境下工作也完全不受影响。

（6）本征安全可靠：定位型光纤振动预警系统使用的光纤，完全不会产生电火花，光纤中传输的激光脉冲平均功率很低，即使光纤断裂，也不会产生任何危险。

（7）施工简单，维护方便：定位型光纤振动预警系统使用的铠装光纤，有极好的抗压抗拉强度，施工方便简单，在使用过程中很难出现问题，即使出现破坏，经专业人员重新熔接后便可恢复工作。

（8）高度智能化，轻松实现无人值守：定位型光纤振动预警系统在检测到异常时可以通过短信和互联网将报告发送给直接负责人。开放性设计，便于数据管理及现场控制。

（三）定位型光纤振动预警系统的智能报警方法

系统在设计时，按照人工神经网络模型中监督学习的方式，将事件按人员施工、机械施工、车辆碾压等进行分类，按照安装位置、地质环境等因素录入样本数据，设置“次数”“累加面积”“二值化阈值”等参数，对比其与实际事件过程的匹配度，验证告警时间、告警级别和故障定位等信息，并配合视频联动验证，防止误报、漏报等情况。

在实际的应用场合，以地埋电缆的安全预警来说，光纤振动传感器所要探测和识别的信号源，主要包括需要报警的人孔入侵和非法机械施工；需要滤除的干扰来源包括气候变化、汽车行驶、各种人员活动等。通常在系统的软件算法上，会将各类事件的原始振动信号采集归类，通过分析不同事件在时间、空间、频率、强度等多方面的特征，建立对应不同事件的模式库，从而让系统学会不同事件模式的区分判断。

1. 具体智能学习分析的特征及过程为

1）将若干不同事件 A、B、C、…的振动信号分解为若干确定的特征分量，如Ⅰ、Ⅱ、Ⅲ、Ⅳ等，则每个事件的事件 A 的特征分量可记为 AⅠ、AⅡ、AⅢ等，B 的记为 BⅠ、BⅡ、BⅢ等。

2）采集一定量的可确认的事件（即学习样本）信号，如 A1、A2、…，B1、B2、…等，则每个具体事件都可得到各自的特征分量，如 A1Ⅰ、A1Ⅱ…，A2Ⅰ、A2Ⅱ…，B1Ⅰ、B1Ⅱ…，B2Ⅰ、B2Ⅱ…等。

3）计算机学习样本各特征分量进行统计分析，找出各事件特征最集中的值作为该事件的标准值，特征量的集合作为标准事件，例如对于事件 A，其标准事件记为 A0，其特征分量为 A0Ⅰ、A0Ⅱ、A0Ⅲ、A0Ⅳ…。

4）系统采集实际真实事件的信号，如事件 A′时，计算其各特征分量 A′Ⅰ、A′Ⅱ、A′Ⅲ、A′Ⅳ…与标准事件 A0 各特征分量的差，记为 ΔA′Ⅰ、ΔA′Ⅱ、ΔA′Ⅲ、

ΔA′Ⅳ…。通过评判这些分量差值的大小，综合如果越小，则 A′事件与标准 A0 越接近。

5）可设定上述各标准事件特征分量的差值标准，如果某实际信号与某预定要探测事件的标准事件特征量差值足够小，就认为该实际信号的类型为此事件分类；同时该差值越小，则认为事件分类的准确性越高。

2. 系统样本数据库建立

为建立系统标准样本数据库，在安装调试完成后，针对沿线的不同地理、土壤环境，分别采集典型的人孔入侵和机械挖掘信号原始样本，在录制样本信号过程中，详细记录入侵或挖掘点的环境情况、时间等相关信息，以便样本参数分析时进行关联比较。

标准样本的采集分析流程为：

1）模拟挖掘行为，通过软件可自动记录事件行为，并形成基础样本以及样本文件，同时记录挖掘点的环境情况。检测信号如图 5-33 所示。

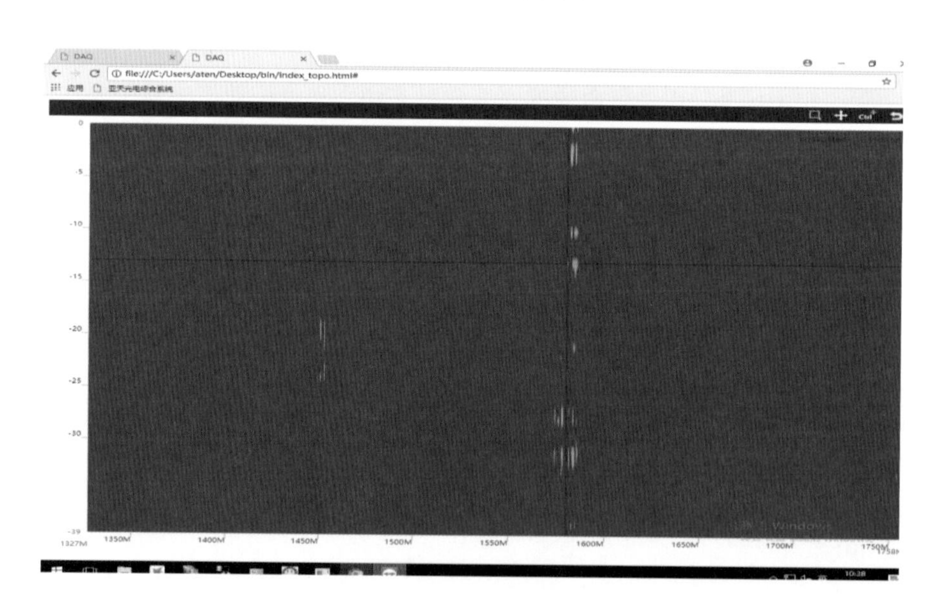

图 5-33 检测信号

2）通过软件自动回放功能，可将样本文件解析成每一帧信号所对应的 TXT 数据文件，文件包含了挖掘过程中任一时刻的振动强度、信号宽度、偏移率等数据信息。TXT 数据文件如图 5-34 所示。

3）按回放时间、区域对样本数据文件中的数据进行筛选，去除连续重复值，得到样本有效数据文件。

4）将各原始样本的有效数据文件中的主要参数形成趋势图表，计算得出事件类型的集中度以及事件的一个标准量，通过人工智能设备的学习，从而得到最基础的数据模型，并把不同模型同一事件类型的趋势图相叠加，便于分析和比较。趋势图表如图 5-35 所示。

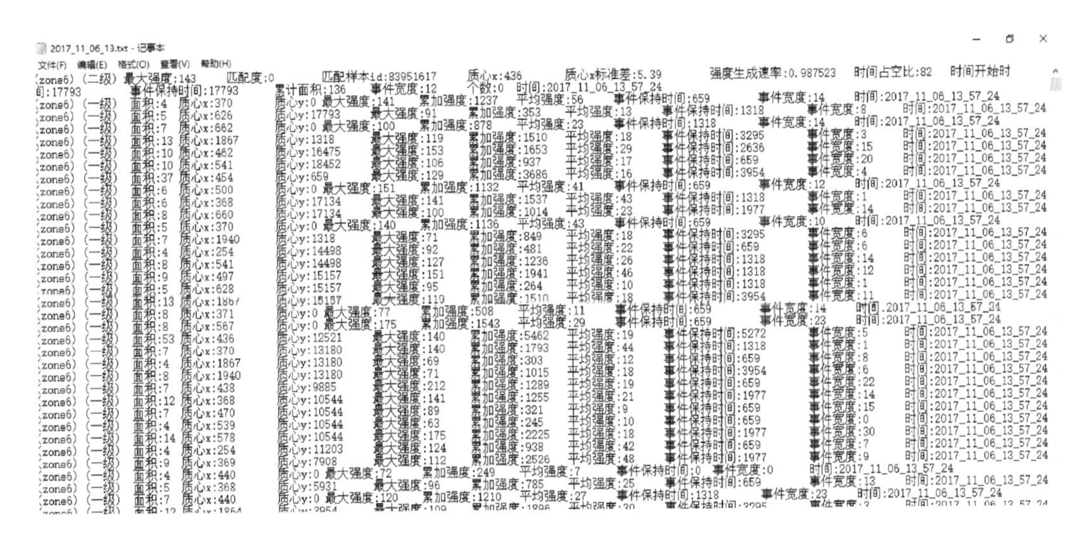

```
2017_11_06_13.txt - 记事本
文件(F) 编辑(E) 格式(O) 查看(V) 帮助(H)
(zone6) (二级) 最大强度:143 匹配度:0 匹配样本id:83951617 质心x:436 质心x标准差:5.39 强度生成速率:0.987523 时间占空比:82 时间开始时
间:17793 事件保持时间:17793 累计面积:136 事件宽度:12 个数:0 时间:2017_11_06_13_57_24
(zone6) (一级) 面积:4 质心x:370 质心y:0 最大强度:141 累加强度:1237 平均强度:56 事件保持时间:659 事件宽度:14 时间:2017_11_06_13_57_24
(zone6) (一级) 面积:5 质心x:626 质心y:17793 最大强度:91 累加强度:353 平均强度:13 事件保持时间:1318 事件宽度:8 时间:2017_11_06_13_57_24
(zone6) (一级) 面积:7 质心x:662 质心y:0 最大强度:100 累加强度:878 平均强度:23 事件保持时间:1318 事件宽度:14 时间:2017_11_06_13_57_24
(zone6) (一级) 面积:13 质心x:1867 质心y:1318 最大强度:119 累加强度:1510 平均强度:18 事件保持时间:3295 事件宽度:3 时间:2017_11_06_13_57_24
(zone6) (一级) 面积:10 质心x:462 质心y:16475 最大强度:153 累加强度:1653 平均强度:29 事件保持时间:2636 事件宽度:15 时间:2017_11_06_13_57_24
(zone6) (一级) 面积:10 质心x:541 质心y:18452 最大强度:106 累加强度:937 平均强度:17 事件保持时间:659 事件宽度:20 时间:2017_11_06_13_57_24
(zone6) (一级) 面积:37 质心x:454 质心y:659 最大强度:129 累加强度:3686 平均强度:16 事件保持时间:3954 事件宽度:4 时间:2017_11_06_13_57_24
(zone6) (一级) 面积:6 质心x:500 质心y:0 最大强度:151 累加强度:1132 平均强度:41 事件保持时间:659 事件宽度:12 时间:2017_11_06_13_57_24
(zone6) (一级) 面积:6 质心x:368 质心y:17134 最大强度:141 累加强度:1537 平均强度:43 事件保持时间:1318 事件宽度:1 时间:2017_11_06_13_57_24
(zone6) (一级) 面积:8 质心x:660 质心y:17134 最大强度:100 累加强度:1014 平均强度:23 事件保持时间:1977 事件宽度:14 时间:2017_11_06_13_57_24
(zone6) (一级) 面积:5 质心x:370 质心y:0 最大强度:140 累加强度:1136 平均强度:43 事件保持时间:659 事件宽度:10 时间:2017_11_06_13_57_24
(zone6) (一级) 面积:7 质心x:1940 质心y:1318 最大强度:71 累加强度:849 平均强度:18 事件保持时间:3295 事件宽度:6 时间:2017_11_06_13_57_24
(zone6) (一级) 面积:4 质心x:254 质心y:14498 最大强度:92 累加强度:481 平均强度:22 事件保持时间:659 事件宽度:6 时间:2017_11_06_13_57_24
(zone6) (一级) 面积:8 质心x:541 质心y:14498 最大强度:127 累加强度:1236 平均强度:26 事件保持时间:1318 事件宽度:14 时间:2017_11_06_13_57_24
(zone6) (一级) 面积:9 质心x:497 质心y:15157 最大强度:151 累加强度:1941 平均强度:46 事件保持时间:1318 事件宽度:12 时间:2017_11_06_13_57_24
(zone6) (一级) 面积:5 质心x:628 质心y:15157 最大强度:95 累加强度:264 平均强度:10 事件保持时间:1318 事件宽度:1 时间:2017_11_06_13_57_24
(zone6) (一级) 面积:13 质心x:1867 质心y:15157 最大强度:110 累加强度:1510 平均强度:18 事件保持时间:3954 事件宽度:11 时间:2017_11_06_13_57_24
(zone6) (一级) 面积:8 质心x:371 质心y:0 最大强度:77 累加强度:508 平均强度:11 事件保持时间:659 事件宽度:14 时间:2017_11_06_13_57_24
(zone6) (一级) 面积:8 质心x:567 质心y:0 最大强度:175 累加强度:1543 平均强度:29 事件保持时间:659 事件宽度:23 时间:2017_11_06_13_57_24
(zone6) (一级) 面积:53 质心x:436 质心y:12521 最大强度:140 累加强度:5462 平均强度:19 事件保持时间:5272 事件宽度:5 时间:2017_11_06_13_57_24
(zone6) (一级) 面积:7 质心x:370 质心y:13180 最大强度:140 累加强度:1793 平均强度:44 事件保持时间:1318 事件宽度:1 时间:2017_11_06_13_57_24
(zone6) (一级) 面积:4 质心x:1867 质心y:13180 最大强度:69 累加强度:303 平均强度:12 事件保持时间:659 事件宽度:8 时间:2017_11_06_13_57_24
(zone6) (一级) 面积:8 质心x:1940 质心y:13180 最大强度:71 累加强度:1015 平均强度:18 事件保持时间:3954 事件宽度:6 时间:2017_11_06_13_57_24
(zone6) (一级) 面积:7 质心x:438 质心y:9885 最大强度:212 累加强度:1289 平均强度:19 事件保持时间:659 事件宽度:22 时间:2017_11_06_13_57_24
(zone6) (一级) 面积:12 质心x:368 质心y:10544 最大强度:141 累加强度:1255 平均强度:21 事件保持时间:1977 事件宽度:14 时间:2017_11_06_13_57_24
(zone6) (一级) 面积:7 质心x:470 质心y:10544 最大强度:89 累加强度:321 平均强度:9 事件保持时间:659 事件宽度:15 时间:2017_11_06_13_57_24
(zone6) (一级) 面积:4 质心x:539 质心y:10544 最大强度:63 累加强度:245 平均强度:10 事件保持时间:659 事件宽度:0 时间:2017_11_06_13_57_24
(zone6) (一级) 面积:14 质心x:578 质心y:10544 最大强度:175 累加强度:2225 平均强度:18 事件保持时间:1977 事件宽度:30 时间:2017_11_06_13_57_24
(zone6) (一级) 面积:4 质心x:254 质心y:11203 最大强度:124 累加强度:938 平均强度:42 事件保持时间:659 事件宽度:7 时间:2017_11_06_13_57_24
(zone6) (一级) 面积:9 质心x:369 质心y:7908 最大强度:112 累加强度:2526 平均强度:48 事件保持时间:1977 事件宽度:9 时间:2017_11_06_13_57_24
(zone6) (一级) 面积:4 质心x:440 质心y:0 最大强度:72 累加强度:249 平均强度:7 事件保持时间:0 事件宽度:0 时间:2017_11_06_13_57_24
(zone6) (一级) 面积:5 质心x:368 质心y:5931 最大强度:96 累加强度:785 平均强度:25 事件保持时间:659 事件宽度:13 时间:2017_11_06_13_57_24
(zone6) (一级) 面积:7 质心x:440 质心y:0 最大强度:120 累加强度:1210 平均强度:27 事件保持时间:1318 事件宽度:23 时间:2017_11_06_13_57_24
(zone6) (一级) 面积:12 质心x:1864 质心y:3954 最大强度:109 累加强度:1896 平均强度:30 事件保持时间:3295 事件宽度:3 时间:2017_11_06_13_57_24
```

图 5-34　TXT 数据文件

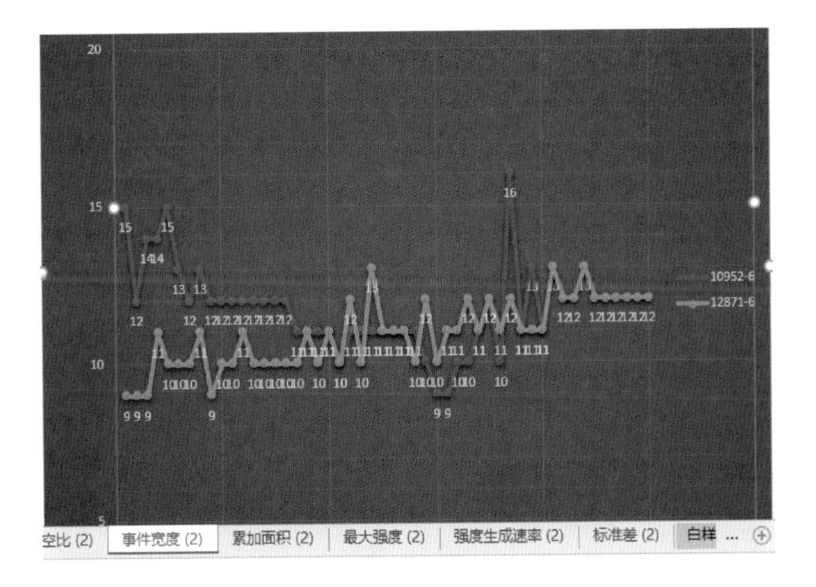

图 5-35　趋势图表

5）最终通过样本参数的分析比较，设置参数的边界值和匹配度，初步形成人孔入侵和机械挖掘的原始样本库，从而作为后期模式判别的一个依据。

3. 系统抗误报智能处理方式

基于初步样本数据库，通过不断分析产生报警信号的信号特征，并对原始样本进行推演和验证，制定并优化参数选取、报警分级策略及分区规则，尽可能地消除周边各类因素导致系统出现误报警，并不断提高系统报警的准确性。

1）主要参数选取。通过对人孔入侵、机械挖掘原始样本的分析，以及其与干扰信号样本的对比，发现可用于对振动信号进行分析判别的主要参数类型包括强度类、时间类、空间类和频率类，为更有效地实现对振动信号的解析和判断，可对最大强度、质心（x）、强度生成速率、事件宽度等进行智能分析。

2）报警分级策略。测试周边自然环境复杂、人为干扰因素多，沿线周边经常出现与预设样本匹配度较高的干扰信号，导致系统频繁出现误报警。为解决这一问题，通过反复设置和优化系统报警分级策略，将系统报警类型总体分为三大类，分别为一级预警、二级预警和三级报警。

3）样本分区。由于现场环境差异、土质结构不同等因素对振动信号的传播影响较大，如果在整条线路中采用统一的参数和样本设置，将大大影响系统报警的准确性。因此，在系统运行过程中，首先按照总体环境的不同将系统分为若干区域，对每一个分区根据其特点独立设置样本参数和关联样本，通过运行过程中收集的报警信号，按照其密集程度对分区进行调整；其次对报警特别集中的区域设置单独的分区，提高分区参数设置的针对性；最后，对干扰较多的分区现场进行实际挖掘测试，根据实测结果调整参数模型。

（四）方案系统功能。

电缆通道防外力入侵监测系统使用了电缆防外力破坏系统，就像给电缆装上了一双“监控的眼睛”，实现了对电缆通道亚健康状态早发现、早告警的全天候、分布式监控。定位型光纤振动预警系统具有不受风雨影响、不受雷击和湿度的影响、能够准确定位、准确度在10m以内等优点。针对地埋电缆的分布式光纤振动传感监测，并加以分析处理，就能够实现侵害事件的发现预警和探测分析。

（1）自动实时检测：24小时实时在线监测电缆隧道/电缆沟上方的振动（开挖或施工破坏）变化，当某个点或多个点出现振动异常时，系统可立即定位报警。

（2）网络联动：当发生振动异常警报时，可联动声光报警、短信报警功能，系统可将报警信息发送到运营商手机上，同时还可以通过电脑远程监控查看现场报警状态。光纤振动监测系统如图5-36所示。

（五）系统工作逻辑。

当发生开挖、施工破坏等入侵信号时，电缆上方的振动光缆接收振动入侵信号，信号传到振动主机，主机确定事件级别，报警信号传输出监测中心。监测系统工作逻辑如

图 5-37 所示。

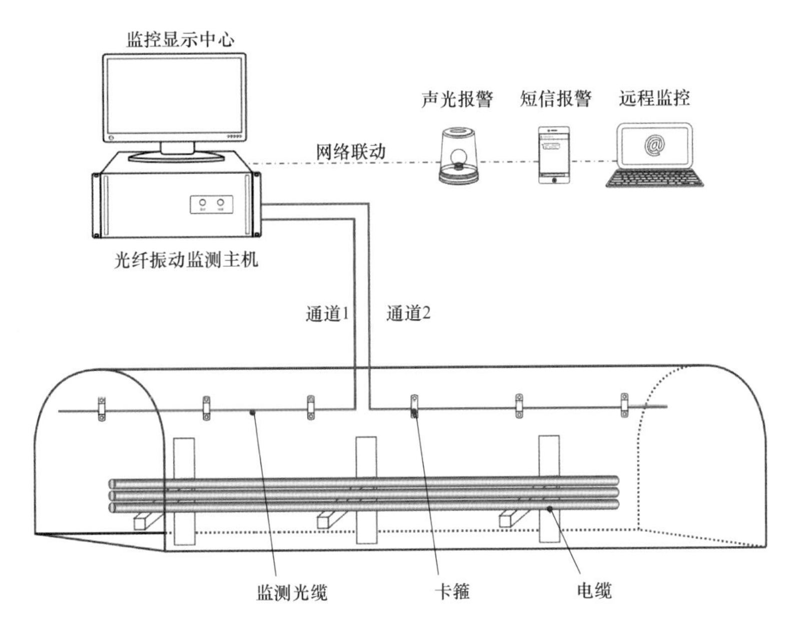

图 5-36　光纤振动监测系统

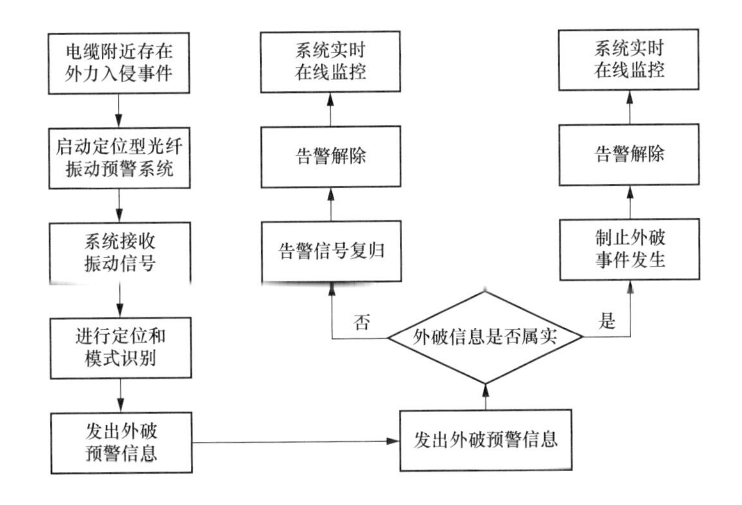

图 5-37　监测系统工作逻辑

参 考 文 献

[1] 王伟．交联聚乙烯（XLPE）绝缘电力电缆技术基础［M］．西安：西北工业大学出版社，2011.

[2] WilliamA. Thue 等．电力电缆工程［M］．北京：机械工业出版社，2014.

[3] 于景丰，赵锋．电力电缆实用技术［M］．北京：中国水利水电出版社，2003.

[4] 普恩平，唐上林．红外热成像技术在电力系统故障诊断中的应用［J］．电力技术（7 期）：50-56.

[5] 吴继平，李跃年．红外热成像仪应用于电力设备故障诊断［J］．电力设备，2006，7（9）：4.

[6] 袁燕岭，周灏，董杰，等．高压电力电缆护层电流在线监测及故障诊断技术［J］．高电压技术，2015，41（4）：10.

[7] 张磊祺，盛博杰，姜伟，等．交叉互联高压电缆系统的局部放电在线监测和定位［J］．高电压技术，2015，41（8）：10.

[8] 李红雷，李福兴，徐永铭，等．基于超声波的电缆终端局部放电检测［J］．华东电力，2008，36（3）：4.

[9] 郭俊宏，谭伟璞，杨以涵，等．电力系统故障定位原理综述［J］．继电器，2006.

[10] 李长林．直流电阻法在电力电缆主绝缘故障测距中的应用［D］．山东大学，2016.

[11] 王彩芝，姜映辉．电力电缆故障测距综述［J］．工业 C，2016，000（2016 年 2 期）：P. 249-249.

[12] 熊元新，刘兵．基于行波的电力电缆故障测距方法［J］．高电压技术，2002，28（1）：3.

[13] 楚文成，刘恺，杜宇航．高压电力电缆故障分析及诊断处理［J］．城市建设理论研究：电子版，2014，000（032）：2175-2175.

[14] 段发强．电力电缆故障分析及探测技术研究［J］．中小企业管理与科技，2009.

[15] 李红雷，张丽，李莉华．交联聚乙烯电缆在线监测与检测［J］．中国电力，2010（12）：4.

[16] 夏荣．交联聚乙烯电缆在线监测技术综述［C］//全国第八次电力电缆运行经验交流会．

[17] 陈天翔．电气试验［专著］［M］．北京：中国电力出版社，2016.

[18] 邵伍周．XLPE 电力电缆接地感应环流分析及在线监测方案设计［D］．长沙理工大学，2015.

[19] 徐涛．基于分布式光纤振动传感的高压电缆防外破监测预警系统应用［J］．东北电力技术，2020，41（6）：4.

[20] 杨纯，李垠韬，宋伟，等．Φ-OTDR 光纤传感电缆防外破监测数据预处理方法［J］．激光与红外，2021，51（4）：7.